기후변화와 어류

Climate Change and Fish

가와사끼 쓰요시 저
공 영 · 서영상 역

아카데미서적

IWASHI TO KIKO HENDO : GYOGYO NO MIRAI O KANGAERU
by Tsuyoshi Kawasaki

First published 2009 by Iwanami Shoten, Publishers, Tokyo.
This Korean language edition published 2012
by Academy Publishing Co, Seoul
by arrangement with the proprietor c/o Iwanami Shoten, Publishers, Tokyo

역자 소견

최근 기후 체제전환(climate regime shift)이나 엘니뇨(El Nino)현상 등으로 상징되는 기후 및 해양환경 장기변화는 기초생산부터 어류까지의 해양생태계(marine ecosystem)에 영향을 미친다고 보고되었다. 전지구적 규모의 기후변화가 해양생태계에 영향을 미치게 되어 정어리 및 멸치와 같은 청어과 어류자원의 광역 동시 변동현상이 증폭된다는 기후-해양-해양생태계로 이어지는 대규모 체제전환(climate regime shift) 이론이 사례와 실증을 통하여 정연하게 설명되었다. 이 체제전환이론 발상의 장본인 가와사끼(川崎 健) 교수의 저서 「정어리와 기후변동」을 한글로 옮겼다.

이 체제전환 이론의 발상이 된 논문은 1980년대 초에 발표된 것(Kawasaki, 1983)이나 이 이론이 입증된 것은 10년이 지난 1990년대 초이었다. 기후 체제전환에 대한 해양생태계의 응답이 기상학, 해양생태학, 수산자원학 및 수산해양학 등 각 학계에 널리 알려졌다. 이에 따라 관련 분야의 많은 과학자들이 기후변동이 해양생태계와 어업자원생물에 미치는 영향에 관한 연구를 진행하고 학술논문을 발표하고 있다.

그러나 기후라는 뜻이 기상의 장기현상인 것으로 알 수 있는 바와 같이 기후변화의 이해에는 장기간의 자료와 정보가 요구된다. 이에 관련된 해양생태계의 장기변동을 알려줄 수 있는 각종 특성치의 관측(monitoring)은 불과 1-2 세기에 걸친 것이다. 더욱 한반도 주변을 포함한 극동아시아의 해양생태계와 이에 관련된 어업대상 생물자원의 과학적인 조사는 합성섬유의 어망과 어획기술의 발전에 따라 성장한 연안근해어업으로부터 시작되어 그 역사는 겨우 1950년대 말 혹은 1960년대 초기부터 2010년까지 약 반세기에 걸친 것이다. 그러나 어업에 관한 기록은 1910년경부터 축적되었으며 그 중 어종별 어획량자료는 해양생태계의 장기변동의 이해를 위한 귀중한 자료이다.

국립수산과학원의 전신인 중앙수산시험장 및 국립수산진흥원이 실시하여온 한반도연안 및 근해의 해양관측과 어업자원조사 자료는 기후변동에 관련된 해양생태계의 변동을 파악하기 위한 중요한 자료이며 이들 자료는 국제 해양자료센터, 북태평양해양과학위원회(PICES) 및 각종 국제회의에 제시되어왔다. 새로운 climate regime shift 이론의 탄생에는 청어과어류인 정어리와 멸치자원의 원격동시 변동성이 인정되고 여기에는 한반도주변의 멸치 및 정어리 자원에 관한 자료가 포함되었다.

여기에 소개되는 기후 체제전환의 이론에 따르면 어업자원생물의 변동은 밀도 의존적 변화뿐 아니라 밀도 독립적, 즉 환경 의존적 변화가 중시되며, 생물의 성장과 분포역의 확대 및 축소에 관련하여 생물의 상변이가 일어나므로 로지스틱(logistic) 성장이론에 관련된 환경수용능력에 관한 이론의 한계가 인정된다. 더욱 지난 100년간 쓰인 어업자원변동에 관한 평형이론 즉 최대지속적 생산량(MSY)이론에는 한계가 있다고 생각한다.

원본 책 제목의 이와시(イワシ)는 정어리(マイワシ) 및 멸치(カタクチイワシ)를 뜻한다. 정어리는 고등어와 함께 선망어업의 대상어종이다. 이외에도 청어, 꽁치, 연어류 및 오징어 등 여러 어류의 생물량이 기후변동에 관련하여 변동함이 지적되었다.

지금부터는 기후 및 해양생태계에 관한 여러 관련분야에 걸친 조사, 분석 및 해석이 요구된다. 이를 위한 공동연구기관 혹은 그룹은 단순한 관련전문가들의 모임이 아니고 해박한 지식인의 주도하에 분야별 전문가로 구성되어 각 분야가 하나의 문제해결에 집중해야 함을 강조하고 싶다.

2012년 10월

공 영·서영상

목 차

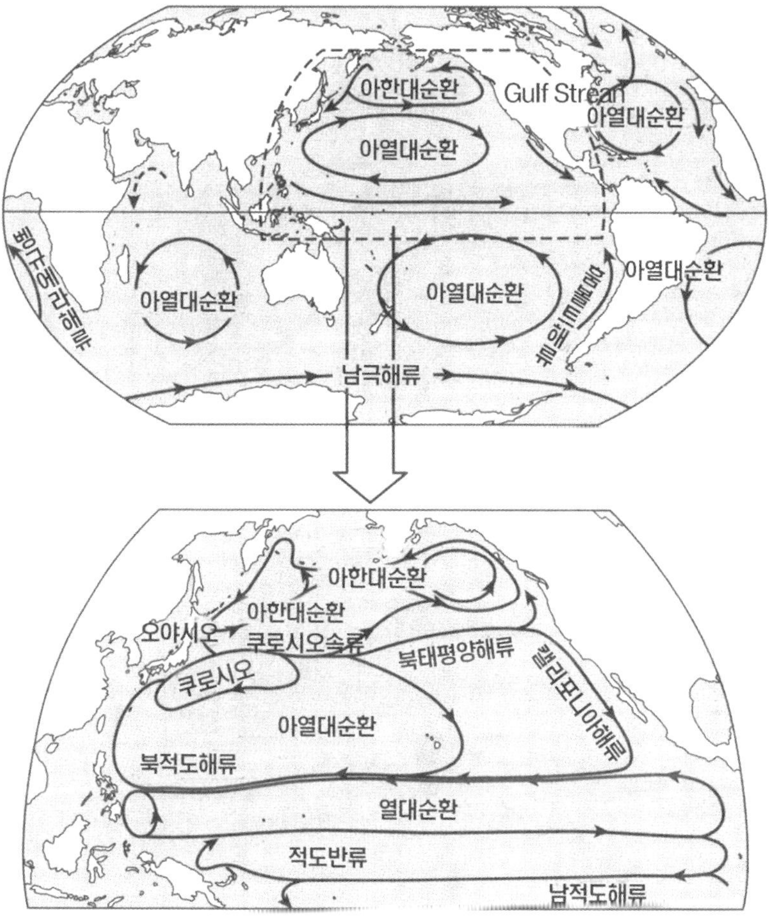
아한대순환
Gulf Stream
아열대순환
아열대순환
벵구엘라해류
아열대순환
아열대순환
아열대순환
남극해류
아한대순환
아한대순환
오야시오
쿠로시오속류
북태평양해류
캘리포니아해류
쿠로시오
아열대순환
북적도해류
열대순환
적도반류
남적도해류

세계의 해양순환

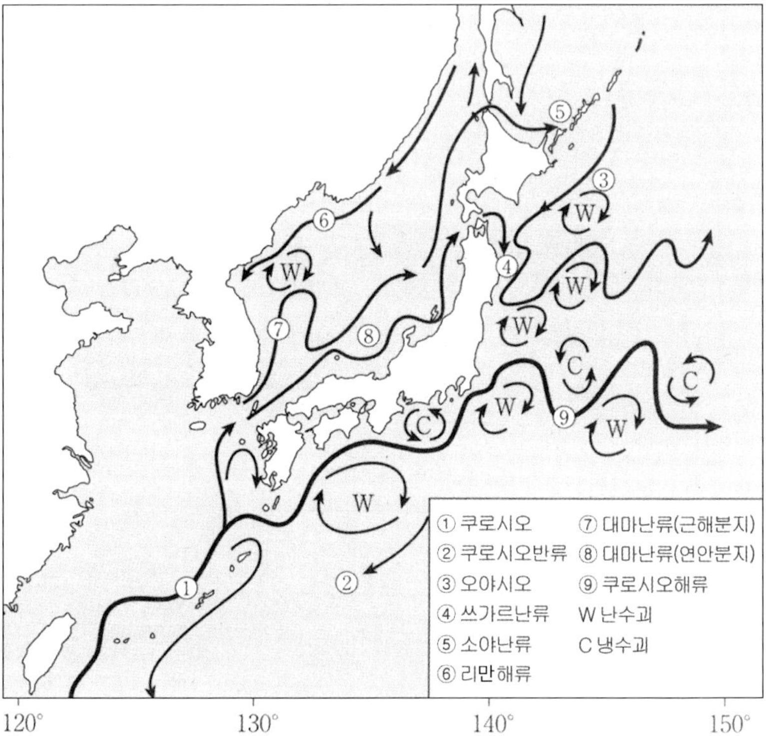
① 쿠로시오
② 쿠로시오반류
③ 오야시오
④ 쓰가르난류
⑤ 소야난류
⑥ 리만해류
⑦ 대마난류(근해분지)
⑧ 대마난류(연안분지)
⑨ 쿠로시오해류
W 난수괴
C 냉수괴
120°
130°
140°
150°

극동해역의 해류

서 론

바다와 어업(漁業)에 무슨 일이 일어나고 있는 가

사진. 선회하며 유영하는 정어리 무리
http://hljxinwen.dbw.cn

이 책의 디자인

어업에는 대어일 때와 불어일 때가 있다는 것은 누구나 알고 있다. 이것은 어업대상 해양생물의 생물량이 크게 변동하기 때문이다. 어류가 살고 있는 바다도 따뜻한 시대가 계속되든지 한랭한 시대가 계속되든지 한다. 저자가 이 책에서 보이고 싶은 것은, 바다와 거기서 생활하고 있는 어류 등 해양생물의 생물량은 크게 변동하고 있는데 그 변동은 뿔뿔이 개별적이 아니고 각각이 하나의 계(系)중의 유기적인 구성부분으로서 변동하고 있다는 것이다. 또한 지구의 대기, 바다, 해양생태계는 하나의 시스템(system)으로 수십 년의 시간 규모로 조화가 취해진 변동을 하고 있다는 새로운 지구환경상 즉 지구한경관을 보이고자 한다. 대기-해양-해양생태계라 하는 지구환경시스템의 변동을 통일적으로 설명할 수 있는 이론을 체제전환(regime shift) 이론이라 하는데 이 이론은 새로이 바다 생물자원의 지속가능한 이용에 근거를 제공한다.

다시 말하면 바다에서 일어나고 있는 일은 실제로 다양하나 그것은 통일된 법칙 하에서 진행되고 있으며 이것을 이해함이 바다의 현명한 이용에 결정적으로 중요하다는 것을 이해하기 바란다.

금년 2009년은 다윈(Darwin)의 탄생 200년, 「종의 기원」 출판 150년에 해당된다. 국제적 과학 잡지 「Nature」의 사설 「기원을 넘어서 2008년」은 생물학의 기본적인 원리를 보였다. 「Charles Darwin 은 생물의 과거와 현재에 처음으로 관계를 붙여, 생물의 놀랄만한 다양성과 동시에 그 근본적인 통일성을 설명하는 방법을 내세웠다」라고 지적하고 있다. Darwin의 사고방식은 그 후 많은 과학자에 이어 발전이 계속되어 1960년대에는 유전암호의 보편성이 발견되었다. 프랑스의 분자생물학자 J. Mori는 이 일이 「코끼리나 대장균도 같다」라는 말로 설명하고 있다. 이 발견에 기초하여 유전자기술이 개화하였다. 이와같이 생물의 다양성 가운데를 통일성이 관통하고 있다는 것을 발견한 것은 생물과학의 진보와 이에 기초를 둔 기술의 발전에 결정적인 영향을 초래하여왔다.

같은 일이 바다의 자연에도 들어맞는다. 체제전환(regime shift)이라는 지구적 수십 년 규모의 해양생물 변동현상은 태평양 정어리의 어획량변동을 통하여 1983년에 나타났다. 이 발견은 대기와 바다의 연구에 크게 자극을 주었고 특히 1990년대에 들어서부터 그 연구는 수산자원학, 해양생물학, 기상학, 기후학, 해양물리학을 포함한 광범위한 분야에 퍼져 그들 분야에서 가장 선단적인 연구영역이 되었다. ICES (International Council for the Exploration of the Sea 국제해양탐사위원회: 북대서양의 조사, 연구에 대한 유럽연합의 정부간조직), GLOBEC (Global Ocean Ecosystem Dynamics 해양생태계연구의 국제 프로젝트), PICES (North Pacific Marine Science Organization 북태평양의 ICES) 등에 의한 국제공동연구의 중심적 연구과제는 바야흐로 체제전환 (regime shifts)에 관한 것이다. 이로 인해 UN해양법조약, 국제어업협정도 다시 수정되어야할 입장이다. 다시 이 이론에 의하여 해양생물자원의 지속적 이용에 과학적인 근거가 주어졌다. 이와 같이 regime shift 이론은 어업에서 시작하여 다시 어업에 영향을 미치고 있다. 필자 (Kawasaki, T)는 이것을「정어리에서 지구환경을 보다」, 혹은「정어리로 세계를 보다」라고 표현하고 있다.

원래 정어리 및 멸치는 일본어업에서 중요한 어종이다. 따라서 이 책의 서론에서는 일본어업의 역사로부터 들어가기로 한다. 제 1장에서는 정어리의 대 변동이 어떻게 생겨서 regime shift가 어떻게 관찰되었는가를 보인다. 제 2장에서는 넓은 해양생태계에서 regime shift가 어떻게 생기는 가를 본다. 제 3장에서는 바다에서 regime shift가 생기는 메카니즘(mechanism)에 대하여 대기, 해양물리의 관점에서 정리하고, 제 4장에서는 대기-해양-해양생태계가 하나의 시스템으로 하여 변동하고 있음을 보인다. 제 5장에서는 현행의 국제해양법조약 성립과 문제점을 해양생물자원의 합리적 이용의 관점에서 검증한다. 제 6장은 서론을 받아 정어리, 고등어를 주 대상으로 하는 선망어업을 중심으로 일본어업에 의한 자원이용의 상태를 고찰한다. 결론에서는 지구온난화 문제에 입각하여 바다의 지속가능한 이용에 대하여 고찰한다.

일제휴어(一齊休漁)

2008년 7월 15일, 일본의 어항에서 20만 척의 어선이 종일 계류된 채 있었다. 전국에서 휴어가 일어났던 것이다. 일본 동경(東京)의 히비야(日比谷) 야외음악당에는 전국의 어사(漁師) 4000인이 모여 「어업경영위기돌파 전국어민대회」가 개최되어 결의를 채택하고 데모행진을 하였다. 2008년에 들어 원유고등(原油高騰)에 의하여 어선용의 연유(燃油)도 크게 값이 올라 어업경영을 압박하였다. 어업자는 연유고등(燃油高騰)에 대한 직접 보전을 정부에 요구하였던 것이다. 일제휴어라는 사태는 지금까지 처음으로 어느 정도 상황이 심각하다는 것을 알 수 있다.

어업은 경비에 점하는 연료비의 비율이 높다. 이 비율은 2004년까지는 10~20%이었으나 2005년부터 오르기 시작하여 2008년에는 30~40%가 되었다. 그러나 유통업자나 소비자는 가격에 민감하여 이 경비증가를 수산물의 가격에 전가해서는 안된다고 한다.

수산물의 가격은 유통업자 특히 큰손 슈퍼가 결정한다고 알려졌다. 그렇지 않아도 21세기에 들어서부터는 소비자가 물고기에서 멀어짐(魚離れ)이 진행되고 있다. 소매가격이 오르면 물고기 소비의 감소가 점차 가속되어 버릴 것이다. 즉 어업에서 증가하는 생산비의 행방이 없게 된다. 연유가격의 폭등은 그렇지 않아도 장기저락경향의 일본 어업에 말할 것 없이 큰 짐을 얹게 된 것이다. 그 후 2008년 가을에 시작된 세계금융위기의 영향에 의하여 연유가격은 하락하였다. 그러나 일본 어업이 안고 있는 문제의 구조에는 변함이 없다. 일본 어업이 금후 이와같은 구조적인 문제를 극복할 수 있을까. 어업은 말할 것 없이 우리들의 나날의 삶에 직결되어 있다. 그 어업이 심각한 사태에 이른 과정은 본서의 주제와 관계가 있고, 본서 전체의 취지를 이해할 것을 전제로 하여 전쟁 후부터의 일본어업의 역사를 개관한다.

강화조약 발효후의 일본어업

이야기는 지금부터 반세기 전으로 돌아간다. 제 2차 세계대전에 의하여 일본어업은 괴멸적인 타격을 받았다. 종전 후 일본어업은 북서태평양의 좁은 수역에 갇혀있었으나 1952년 4월 28일에 샌프란시스코 강화조약이 발효되어 세계의 해역을 향하여 발전하기 시작하였다. 강화조약 발효 직후의 5월 1일에 3모선 50척의 연어, 송어 유자망 독항선이 북태평양서부를 향하여 출항하였다. 53년에는 게(crab) 선단이 출어하고 55년에는 연어, 송어 선단이 오호츠크해를 향하여 출어하였다.

대자본이 주체로 되어있는 이서트롤(128° 30′E 이서에서 조업하는 1척 예인트롤), 이서저예망(2척예인), 모선식 게, 북양모선식 저예망, 북양트롤, 원양트롤 등의 각 어업에 의한 생산은 1957년 이후 대단히 큰 신장을 보이고 1961년에는 57년의 271%로 되었다. 외양(外洋)을 향한 어업발전의 전형적인 것은 다랑어 연승어업이다. 다랑어 어법의 출어해역은 1952년 이후 점차 넓혀져 1964년경에는 태평양, 대서양, 인도양의 거의 다랑어가 분포하는 곳에는 일본의 어업이 이루어지는 대단한 발전을 보였다.

남빙양 포경어업은 GHQ (연합국총사령부)의 허가를 받아 1946년에 재개되었으나 당초 2척이었던 모선은 점차 증가하여 60년에는 7척이 되어 고래를 잡아 올렸다.

다랑어 연승어업의 어획량은 1952년의 11만 톤부터 61년에 54만 톤의 절정에 달하고 그 후 감소하기 시작하였다. 동지나해에서 조업하는 이서저예망(以西底曳網)의 어획량의 절정도 1961년에 있었다. 남빙양 포경의 절정은 1960년대 후반이었다.

난획(乱獲)이란

왜 이렇게 어획량이 감소하기 시작하였을까. 그것은 단적으로 말하면 지나치게 잡은 것이다. 멈출 곳을 모르는 일본의 대외 전개가 난획이라는 벽에 부딪쳤던 것이다. 여기에 생물자원 채취산업으로서의 어업의 특성이 있다. 자원을 고갈시키지 않고 어업을 계속하기 위해서는 대상자원의 변동법칙에 따라 그때 그때의 생산력의 범위 내에서 어획하지 않으면 안 된다.

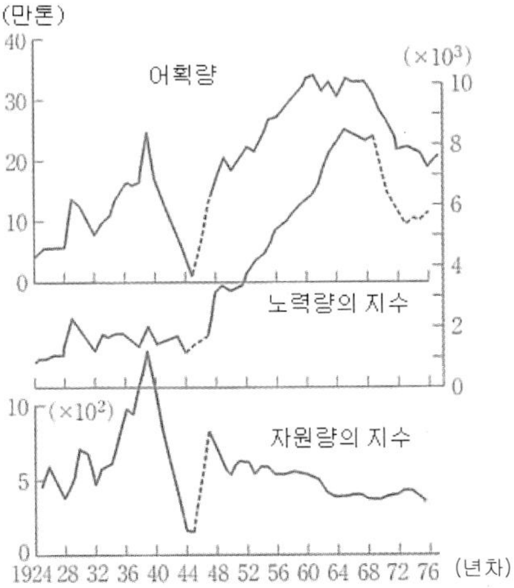

그림 서론-1. 이서저예(인)망어업의 생산 상황의 변동
출전) 大滝, 1980

어업은 또 먼저 잡기유리산업(先獲り有利産業)이라는 특성도 가졌다. 어느 자원을 어획하는 경우에 어획을 하면 그만큼 자원은 적어지므로 뒤에 일어나는 어획일수록 CPUE가 떨어진다. 여기서 CPUE는 어획량을 어획노력량으로 나눈 값으로, catch per unit fishing effort(단위노력당어획량)를 약한 머리자이다. 어획노력이란 그 어획량을 얻기 위하여 사용한 노력으로 어선의 척수, 조업일수나 조업회수(예로 저예망선인 경우에는 예인망수)를 써서 표현한다. 이 CPUE는 자원의 밀도나 자원량의 지수로 쓰인다.

먼저 잡으면 유리하므로 되도록 빨리 어획하려고 어선사이에 경쟁이 생긴다. 이렇게 하여 그때의 자원의 재생산력을 넘는 과잉어획이 진행되면 마침내는 총어획량이 감소하기 시작한다. 이와같은 상태를 「난획」이라한다.

전통적인 「수산자원학」에서 난획(over fishing)에는 두가지 형태가있다. 하나는 「성장난획, growth over- fishing」이라 하는 것인데 어린 물고기를 과도하게 어획하면 성장하여 커질 물고기가 적어지기 때문에 전체의 자원량이 감소하여 어획량도 감소한다. 또 하나는 「가입난획, recruitment over-fishing」이라 하는 것이다. 가입(加入, recruitment)이란 어린 물고기가 성장하여 어느 정도 커지면 자원에 더해져 어획대상이 되는 것을 말한다. 성어를 지나치게 어획하면 산란수가 줄어 가입량이 감소하여 자원이 적어진다는 형의 난획이다. 산출되는 어란(魚卵)의 수와 그것에서 부화된 어린 물고기의 수와의 사이에는 높은 상관관계가 있다는 것이 전제로 되어있다.

성장난획의 예를 보자. 그림 서론-1 에는 이서저예망어업(동지나해, 황해)에 의한 총어획량, 총어획노력량의 지수 및 총자원량지수의 1924년부터 76년에 이르는 50년간의 시계열이 표시되었다. 1944년 전쟁후의 낮은 값은 제 2차 세계대전에 의한 것이다. 2차대전 전은 자원량이 크나 어획노력량은 크지 않고 진폭이 낮은 자연변동을 하고 있었다. 전후 1948년부터 60년대에 걸쳐 노력량이 급증하여 어획량도 급증하고 있으나 1970년대에 들어 노력량도 어획량도 급감하고 있다. 난획상태에 들어간 것이다. 자원량은 강한 노력량의 원인으로 자연변동이 억제되어 1948년 이후 점감하고 있다.

이것과 동시에 생긴 것은 어획물 크기의 감소나 평균연령의 저하이다. 그림 서론-2에는 이서저예

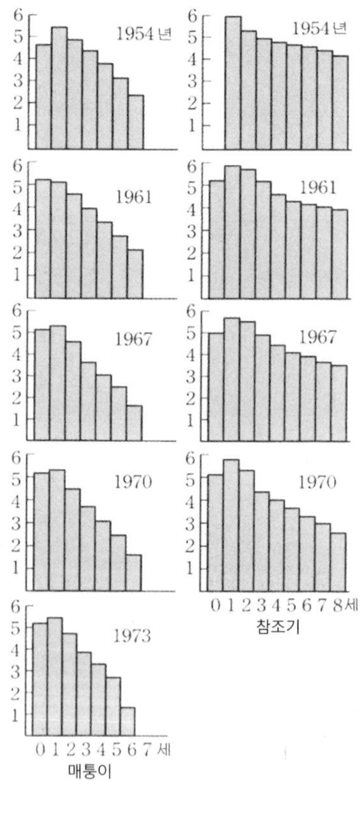

그림 서론-2. 이서저예(인)망어장의 툼빌매퉁이와 참조기의 연령조성의 변화
주) 종축의 단위; $1=10^1=10$, $2=10^2=100$
출전) 大滝, 1980

망어장에서의 주요 어종인 툼빌매퉁이(ワニエソ, *Saurida wanieso*)와 참조기의 연령조성의 1954년부터 70, 73년에 걸친 변화가 제시되어있다. 종축은 대수 눈금으로 표시 된 것을 주의하기 바란다. 이 20년간에 약령어가 크게 진행하고 있다는 것을 알 수 있다.

어류에는 산란하는 친어를 과도하게 어획한 결과로 나타나는 가입난획(recruitment over-fishing)은 일반적으로 이러나지 않는다. 상어류나 쏨뱅이(カサゴ)와 같은 난태생어(복강에 알을 낳아 치어가 되어 모체를 떠나는 어종)나 고래와 같은 포유동물과 같이 친자의 양적관계가 확실한 경우를 제외하고 산란된 난의 수와 그것이 부화하여 자원에 가입하는 어린 물고기의 수와의 사이에는 높은 상관이 있다는 진제는, 어류에는 일빈적으로 성립하지 잃기 때문이다. 개념(image)으로서는 의외로 생각할지 모르나 어류에 가입난획이 일어나기 어려운 이유는 점차 설명하기로 한다.

어류 중에 임연수어류(メヌケ류)와 같이 대단히 장수하여 세대교대의 시간이 걸리는 것이 있는데 이런 어류일수록 성장난획(growth over-fishing)의 영향은 강하게 나타난다. 어린 물고기(若齡魚)를 어획한 효과가 오래 남기 때문이다. 앞에서 언급한바와 같이 2차대전 전후 먼저 발전한 어업은 다랑어 연승어업이나 이서저예망어업으로 수명이 긴 다랑어류나 조기류 등이 대상이라 이들은 성장난획에 빠지기 쉬운 그룹이다. 성장난획의 특징은 어획압력 때문에 작은 어류가 커지지 않는 것으로 어획물의 평균 크기 (체장, 체중)가 해마다 작아진다. 〈주〉이것은 큰 어류는 이미 어획되고 작은 어류는 커지기전에 어획되므로 더 작은 어류만 남는 현상이다. 이와같은 사태가 진행하면 성장난획이라 우선 생각해도 틀림없다. 난획문제를 어떻게 볼 것인가는 본서의 핵심부분이다. 제 5장에 다시 한번 되돌이기 생각하기로 한다.

자원이란

지금까지 가끔 나왔으나 본서에서 「자원」이라는 말을 자주 쓰게 되므로 그 의미를 설명해둔다. 자원(資源)이란 인간의 이용대상이 되는 자연물이란 것이다. 자원에는 3종류가 있다. 하나는 광물자원, 석유자원 등의 비 갱신자원(非更新資源)이다. 채굴하여 쓰면 그 분량만큼 감소한다. 두 번째는 물과 같은 순환자원(循環資源)이다. 바다로부터 증발된 수증기는 비가 되어 지표에 내리고 인간에 의하여 이용되면서 하천을 지나 바다로 되돌아간다. 담수는 존재형태가 변화하나 총량은 일정하고 증가하지도 감소하지도 않는다. 세 번째는 산림자원, 수산자원(水産資源, 어업자원이라고도 한다)과 같은 갱신자원(更新資源)이다. 채취하면 자연의 기능에 의하여 뒤에 재생된다. 생물자원, 재생가능자원이라고도 한다. 같은 재생가능자원이라도 임산자원과 수산자원에는 그 재생산의 방법이 다르다.

천연림의 경우에는 벌채한 자리는 경지로 할까 식림(植林)할까 방치할까 아니면 다른 목적으로 이용할까가 어느 하나이고 천연자원으로는 한번만 이용되므로 그런 의미에서는 비 갱신자원이다. 인공림의 경우에는 인간이 손을 써 식림하여 갱신시킨다. 그것이 통상의 재생산의 형이다. 즉 인간이 손을 대는 자연물이다.

수산자원은 임산자원과는 재생산의 기작이 완전히 다른 천연자원이다. 어획이란 천연자원의 일부를 솎아내는 경제행위이다. 자연의 재생산 기작의 범위 내에서 이용하면 즉 난획을 하지 않으면 자연이 재생산해준다. 그런 의미에서 수산자원은 유일한 갱신 가능한 천연자원이고 이것을 이용하는 산업이 어업(漁業)인 것이다.

여기서 용어를 정리하면 「자원량(資源量)」이란 문자대로 자원의 양인데 「생물량(biomass)」이란 생태학의 용어로 어느 생물집단의 존재량이며 어획량과는 구별된다. 본서에서는 세계의 흐름에 따라 되도록 생물량이란 말을 쓰도록 한다. 단 생물량의 추정은 실제로 곤란하므로 노력당어획량(CPUE)을 생물량의 지수로 쓰는 일이 많다.

또 하나 자주 나오는 용어의 설명을 해두자. 그것은 생물량의 「밀도독립변동」대 「밀도의존(밀도종속)변동」이다. 이것은 「환경기원의 변동」대 「생물기원의 변동」이라 말을 바꿀 수 있다. 생물량의 변동을 생각할 때 극단적인 예를 상정하면, 화산의 분화가 일어나 그 곳의 생물이

전부 없어졌다고 본다. 이것은 그곳에 있는 생물의 밀도와 무관계이므로 완전히 「밀도독립」이다. 한편 생물의 수가 증가하여 과밀상태가 되고 그 이상 증가할 수 없게 되었다고한다. 이것은 「밀도의존」이다. 통상이 두 가지 요인이 섞여 생물집단의 변동에 관여한다.

가치생산성에서 양적생산성으로

강화조약이 발효한 1952년부터 1960년대 중반까지의 시기는 일본 어업이 연어, 송어, 게, 다랑어, 고래 등 가격이 높은 수산물을 찾아 세계의 바다로 진출하던 시대였다. 그 결과 부딪힌 일은 자원량의 한계의 벽이었다. 이 시대는 양적으로 많지 않으나 고가의 수산물을 좇아 구하던 시대, 가치생산성 추구의 시대였다. 일본 어업은 스스로 난획의 체질 때문에 방향전환을 어쩔 수 없이 당하였다.

이 단계에서 이번에는 가격은 낮으나 자원량이 많은 어종을 대량으로 어획하는 양적생산성추구형의 어업이 번창하였다. 이런 어업은 원양 저예망어업과 대·중형선망어업이다. 원양 저예망어업의 어획물의 대부분은 베링해의 명태였다. 이전에는 명태는 육질이 변성되기 쉽고 장기보존이 어려웠다. 그러나 훈제품(생선어묵)의 원료로서의 냉동어묵(すり身)의 기술이 개발된 결과 명태의 어획량은 급증하여 1972년에는 304만톤에 달하였다. 냉동어묵의 기술이란 물에 씻은 어육을 갈아 으깨어 중합인산염과 당류로 혼화하여 -35℃이하에 동결하는 방법이다.

생선어묵이 그전의 고급증답품으로부터 서민의 일상식품이 된 것은 이 기술개발의 덕이다. 전후 일본의 식품혁명에 3가지가 있다. 하나는 전기밥솥이다. 이것으로 장작패기로부터 시작되는 번거로운 밥 짓기에서 해방되었다. 두 번째는 인스턴트(Instant) 라면이다. 이것으로 열탕만 있으면 어디서나 곧 따뜻한 면류(麵類)를 먹을 수 있게 되었다. 그리고 세 번째가 냉동어육이다.

그러나 일본 명태어획량은 베링해에 있어서의 국가관할권을 주장하는 미, 소의 압력으로 1972년을 정점으로 감소하기 시작하였다. 원양저예망어업과 대체하도록 급성장한 것이 부어자원(浮魚資源)을 대상으로 하는 중형선망어업(中型旋網漁業)이다.

본서의 주제는 부어, 그중에서 정어리이다. 어류 생태에 의한 분류법은 여러 가지가 있다. 연안에 서식하는 어류를 연안어류, 근해에 서식하는 것은 근해어류라 한다. 또 다른 분류법은 서식층을 기준한 저어, 부어 등이다. 주로 바다의 저층에 생활하는 것이 저어(底魚)이고 표층에 생활하는 것이 부어(浮魚)이다. 저어류의 대표적인 것으로 넙치, 가자미와 같은 이체류, 대구류 그리고 임연수어류이다. 저어류의 유영력은 작고 이동범위는 좁다. 이 저어류를 대상으로하는 것이 저예망어업(底曳網漁業)이다.

그것에 대하여 부어류의 유영력은 크고 큰 회유를 한다. 대형의 부어는 가다랑어, 다랑어류, 방어, 삼치 등이다. 소형부어류로 중요한 것은 정어리, 멸치, 고등어, 전갱이, 꽁치 등 5종이다. 꽁치는 봉수망(棒受網)으로 어획된다. 봉수망이란 야간전등으로 해면을 비추어 모여드는 어군을 떠올리는 어법이다. 다른 4종은 주로 선망어업(旋網漁業)으로 어획되는데 그중에서 중요한 것은 정어리와 고등어이다.

선망어업은 그물로 어군을 포위하여 점차 포위를 축소하여 포획하는 어법의 총칭이다(그림 서론-3). 현재의 선망어업에는 ① 대중형(가다랑어, 다랑어)1척 선망, ② 대중형(기타)1척 선망, ③ 중소형 1척 건착망, ④중소형 2척 건착망 등 4 어업종류가 있다.

선망어선은 보통 망선, 운반선 2척, 탐색선 2척 등 합계 5척으로 조업한다. 이들 전체가 조업의 단위로 통(統)이라한다. 한통, 2통이라 부른다. 선망어선 1통은 이와 같이 대규모로 큰 어망이나 항해, 어군탐색, 어획에 필요한 근대적 정밀기기를 탑재하기 때문에 경영에 큰 자본을 필요로 한다.

선망선의 주력은 1척 선망 ②, ③ 이다. 어선의 규모는 ②의 경우에는 톤수는 거의 50톤 이상으로 100톤 이상의 대형선이 주력이고, ③의 경우에는 10-20톤의 소형선이 주체이다. 1978년 이전에는 ②와 ③은 통계상 대. 중형선망, 후릿그물(양조망, 1척선)로 묶이었다.

현대 일본어업의 주역은 선망어업이다. 그것은 자본제생산(資本制生

産)을 실현한 어업이라고도 말할 수 있다. 선망어업의 변천에 대해서는 그 주 어획대상인 정어리자원의 대 변동이나 그 기작 등에 대하여 논한 뒤에 제 6장에서 논하기로 한다.

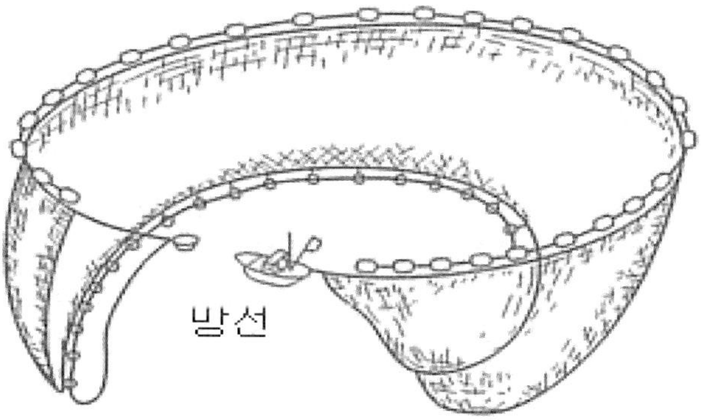

그림 서론-3. 선망어업
출전) 松下, 1991

제 1 장

정어리가 사라졌다.

사진. 대형선망어업, 선단의 조업광경

정어리라는 물고기

이 책의 주요내용은 정어리, 멸치 등의 정어리류이다. 정어리는 어떤 물고기인가. 어류는 우선 진화의 정도가 낮은 상어, 가오리 등의 연골어류(軟骨魚類)와 경골어류(硬骨魚類)로 나눠진다. 어류도감을 보면 최초에는 연골어류 다음에는 경골어류가 실여있으며, 경골어류 가운데 청어, 정어리를 포함한 청어과의 어류는 연어, 송어류와 함께 도감의 앞부분에 나온다. 이것은 이들 어류는 부레(浮袋)가 장과 직결되어있고 또 척추골의 중앙에 구멍이 열려있는 것 등으로 봐서 진화의 정도가 낮은 것이라 생각되기 때문이다. 정어리는 일본인에 친숙한 대표적인 대중어로 그림 1-1 에서 보는 대로 유선형의 회유어로 수명은 5~6년, 체장 24cm에 달한다. 이에 대하여 멸치는 수명 1년 단명으로 최대체장 15cm이다. 이들은 한 산란기에 한 마리의 암컷이 수만 립(粒)을 산란한다.

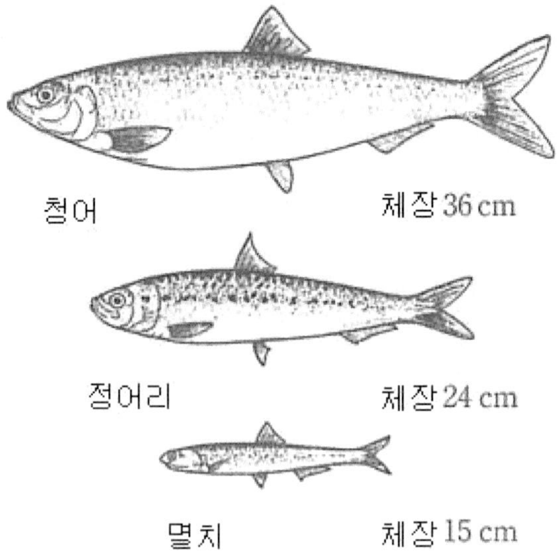

그림 1-1. 청어류의 어류들; 청어, 정어리, 멸치
출전) 平本, 1996

쿠시로(釧路) 1976~93년

1964년의 초여름의 일이다. 일본 도동지방 쿠시로(釧路)근해의 홋가이도(北海道) 남동수역(도동수역)에 돌연 고등어의 대군이 출현하였다. 쿠시로근해는 한류인 오야시오(Oyashio, 親潮)가 해안을 따라 남으로 흐르고 있다. 그 동측에 쿠로시오(Kuroshio, 黑潮)주류로부터 분리되어 북상해온 난수괴(수괴란 동일 성질을 가진 해수 덩어리)가 있어 오야시오와의 사이에 복잡한 조경(潮境)을 형성하고 있다 (목차 그림. 극동해역의 해류도 참조). 난수계의 회유성 어류인 고등어, 정어리, 멸치, 꽁치 등은 봄부터 여름의 성장기에 영양염이 풍부하여 먹이가 많은 이 수역에서 먹이를 충분히 섭취할 수 있음으로 남쪽바다에서 올 수밖에 없는 산란준비이다. 이곳은 먹이장의 일등지이다. 왜 일등지일까. 그것은 어류가 난수괴(暖水塊)라는 요람을 타고 와서 요람의 연변에 생산력이 풍부한 오야시오로부터 먹이 플랑크톤을 떠먹고 있기 때문이다. 오야시오는 영양염과 플랑크톤이 풍부하여 쿠로시오에 비하여 대단히 풍요로운 바다이다. 일본의 선망어선단이 여기에 와서 고등어를 어획하여 쿠시로항에 내린 양륙양은 해마다 증가하였다 (그림 1-2). 절정(絶頂)은 1970~74년에 있었고 연간 20만 톤에 달하였다.

그러나 어느 어종이라도 이곳을 이용하는 것은 아니다. 세력이 강한 것만이 이 먹이 터(餌料場)를 이용하게 되고 다른 것은 배제된다. 1976년의 초여름에 이번에는 정어리의 대군이 나타났다. 이 정어리는 고등어와 같이 남쪽으로부

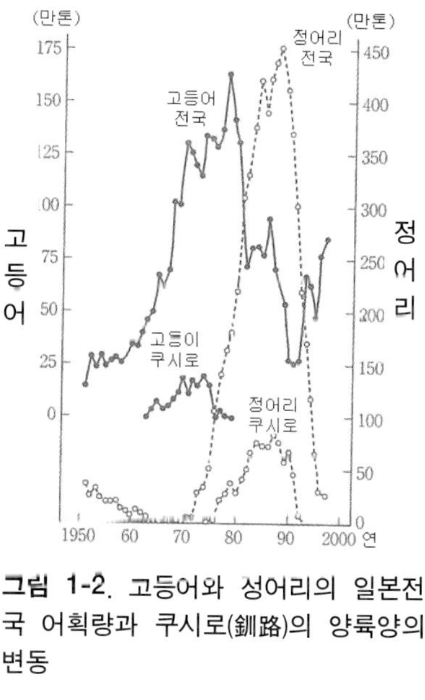

그림 1-2. 고등어와 정어리의 일본전국 어획량과 쿠시로(釧路)의 양륙양의 변동

터 태평양을 북상해온 것이다. 이것은 1984년에 항공기에서 실시된 목시조사(目視調査)로 확인되었다. 정어리는 치바현(千葉県)근해부터 서서히 북상하여 8월에 도동수역에 달하고 9월에는 큰 어장이 형성된다.

고등어는 정어리에 추방되어 1980년에 소멸하였다. 즉 어종교대(魚種交代)가 일어난 것이다. 그 후 정어리의 어획량은 마구 증가하여 쿠시로항의 수양량(水揚量)의 최고는 1987년에 85만 톤에 달하였다. 도동수역 전체의 수양량은 1983~88년에는 100만 톤을 넘었다. 수양된 정어리의 대부분은 기름을 짜내고 어분(fish meal)으로 이용 되었다. 쿠시로에 수산 가공 공장이 임립하여 정어리 경기로 들끓었다.

돌연의 변화는 1989년에 일어났다. 어군이 감소하기 시작하여 어획량이 급감하였다. 최후로 쿠시로 근해에 어군이 내유한 것은 1993년으로 1145톤이 어획되었을 뿐 어장은 소멸하였다. 정어리가 소멸된 것이다. 13년 연속하여 수양량 일본 제1을 과시한 쿠시로항은 30년간의 고등어, 정어리로 이은 대어 후에 불이 꺼진 것처럼 쓸쓸하게 되었다. 그렇게 많이 있던 정어리는 어디로 가버린 것일까. 그 후 도동수역은 멸치나 꽁치에 의하여 이용되고 있다. 이와같은 경과가 아오모리현(青森縣, 八戶)근해에도 일어나고 있다.

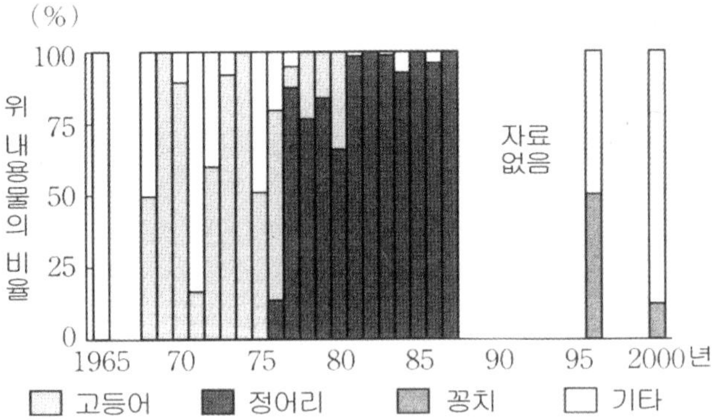

그림 1-3. 북해도 태평양측에서 포획된 밍크고래의 소화관 내용물의 변화

주) 고등어, 정어리의 어획량에 대해서는 그림 1-2를 참조.

출전) 일본 수산청, 2008

여기에 확실한 자료가 있다. 일본경류연구소는 1965년부터 2000년에 걸쳐 혹카이도 태평양측에서 포획된 밍크(minke)고래의 소화관내용물을 조사하고 있는데 1968~76년은 정어리 그리고 95년 이후는 꽁치로 바뀌고 있다. 이 또한 어종교대가 일어나고 있는 직접적인 증거라 볼 수 있겠다(그림 1-3).

도동수역(道東水域)은 난수성회유어의 분포의 가장자리에 가깝기 때문에 어군의 출현, 소멸이 이와 같이 확실한 형태로 나타나는데, 일본전체로 보면 자원의 증가는 가장 먼저 시작하여 가장 서서히 감소한다 (그림. 1-2).

정어리의 생물량 증대에 동반하여 생기는 것은 분포역의 확대이다. 일본근해의 연안성어류에 불과했던 정어리의 분포역은 극적으로 확내되었다. 일본열도주변의 분포역은 원래 동해 전역에 퍼졌다. 즉 한반도동안, 연해주근해를 지나 마미야(Mamiya, 間宮)해협의 안으로 깊이 들어갔다. 도동수역부터는 네무로 (根室)해협을 지나 오호츠크해에 달하였다. 그리고 태평양동방으로 크게 퍼지고 그 선단은 165°W에 미쳤다. 극동수역전체의 어획량은 1988년에는 543만 톤에 달하였다. 이 해의 일본의 정어리어획량은 449만 톤으로 해면어획총생산량 1,128만 톤의 40%를 점하였다. 정어리는 일본어업을 좌우하는 큰 자원이었다. 이와같은 대자원이 자취를 감춘지 거의 10년이 되었다. 정어리는 다시 부활할 것인가.

청진(淸津) 1925~43년, 그리고 전쟁이후

실은 정어리의 대 번영은 그 50년 전에도 일어났다. 1920년대에 들어 동해에서 어획이 증가하기 시작하여 분포역은 북 및 서방으로 퍼져갔다. 정어리자원의 증대는 선망어업의 발전을 촉진하였다. 이때의 어장의 중심은 동해로 한반도동측부터 연해주로 퍼졌다. 주 어장은 한반도 북부의 동측 근해로 1925년에 어획이 시작되어 1937, 38년에 절정을 보

〈주〉 밍크고래는 수염고래류의 일종으로 그 중요 먹이는 Euphausia 와 같은 동물플랑크톤이지만 때로는 소형 어류도 포식한다.

였다. 어획물 양륙의 중심은 청진(淸津)으로 이 수역에서는 연해주로부터 한반도를 따라 동에서 서로, 리만(Liman)해류라는 한류가 흐르고 동측에는 대한/대마난류에서 분지되어 한반도를 따라 북상해온 난류(동한난류)로부터의 난수괴가 있어, 마치 혹카이도 동부의 도동근해의 해양구조와 같은 구조로 되어있다. 이 난수괴의 대륙측의 연변에 어장이 형성되었다. 대한/대마난류라 하는 것은 난세이제도(南西諸島)서측을 북상한 쿠로시오본류로부터 큐수(九州)남측에서 분리되어 대한해협을 빠져나와 동해로 들어가 북동으로 흐르는 난류이다.

정어리는 연해주근해에서는 1930년에 어획되기 시작하여 1937~39년에 최고를 보였다. 총어획량의 최고를 보인 해는 1937년으로 일본주변(本州의 동해측을 포함)에서 115만 톤이었는데 대하여 한반도 동안에서는 139만 톤이었다. 연해주근해의 어획량은 14만 톤, 에리모사끼(襟裳岬)이서의 혹카이도(北海道)연안에서 26만 톤이었는데 이것으로 봐서도 당시의 어획의 중심수역은 동해이었고 어획물의 주체가 동해계라는 것을 알 수 있다. 청진(淸津)에는 정어리의 가공공장이 많이 모여 어유와 어분(魚粉)이 양산되었다.

정어리의 별개의 그룹은 1월부터 7월에 걸쳐 일본혼슈의 서측연안을 서서히 북상한다. 주군(本隊)은 쓰가르(津軽)해협을 빠져나와 분까만(噴火灣)으로 들어가고 6, 7월에 대 어장을 형성한다. 그 후 혹카이도동방의 도동수역으로 이동하여 거기서 7~9월에 어획된다. 정어리는 거기서부터 서방으로 회유하여 다시 분까만으로 들어가 10월에서 2월에 걸쳐 어획되고 쓰가르해협을 통하여 동해로 돌아온다. 5월에 쓰가르해협서구에 달한 정어리의 일부는 혹카이도서안을 북상하여 소야(宗谷)해협을 통하여 오호츠크(Okhotsk)해로 들어가 혹카이도연안에서 어획된다. 1934년에는 분까만의 어획량은 50만 톤에 달하여 일본전국의 정어리 어획량 147만 톤의 34%를 점하였다.

이와 같이 1930년대의 정어리는 1980년대의 정어리(태평양계군)와는 별개의 동해계군에 속하고 그 이동 형태나 분포역은 완전히 달랐다. 그러나 1930년대의 대 풍어도 길게 계속되지 않았다. 정어리군은 사라지고 어획량은 급감하였다. 어획은 분포역의 주변부터 감소하고 한반도동안, 연해주근해에서는 1943년, 혹카이도연안에서는 1944년에 어획량이 0으로 되었다. 불운한 일로 이것이 태평양전쟁의 종료와 겹쳤다. 전쟁 후에 일본의 식량난은 대단하였다. 당시의 서민의 주된 식량은 쌀과 정어리였으나 흉작에 의한 쌀의 부족에 더해 정어리가 전혀 잡히지 않게 되었다. 그래서 일본수산청은 1949년 10월에 「사계의 권위자」를 모아 정어리회의를 개최하여 불어의 원인을 탐구하려했다.

거기서 나온 의견의 주요한 것을 소개하면, 큐슈대학(九州大學)의 아이가와(相川広秋)교수와 일본수산주식회사연구소의 가사하라(笠原 昊)는 난획설, 수산청 동북수산연구소의 기무라(木村喜之助)소장은 「정어리는 감소한 것이 아니고 외해로 회유하고 있다」는 설, 동해구수산연구소의 나가이(中井甚二郎)는 구마노나다(熊野灘)에서의 냉수괴의 형성(권두. 극동해역의 해류도)을 문제로 하였다. 당시 정어리의 주 산란장은 큐슈남부연안에 있어서 어란, 자어는 쿠로시오에 실려 동으로 운반된다. 그러는 도중에 당시 혼슈남안에 형성되고 있던 냉수괴에 조우하여 사망률이 높았다고 한다. 그리고 동경수산대학의 다우치(田内森三郎)교수는 환경(해황)악화에 의한 치자어의 사망설, 우다(宇田道隆)교수는 환경악화에 과도어획이 더해졌다는 설로 천차만별의 의견이었다. 그러나 문제의 초점은「환경인가 어획인가」라 하는 것이었다.

학문의 세계는 제 2차세계대전중에는 쇄국상태에 있었다. 전후 일본의 수산자원학계에는 구미로부터 참신한 자원학의 논문이 넘처 유입하였다. 그 주류는 자원변동을 어획에 의하여 설명하는 평형이론(平衡理論)이었다. 이 평형이론에 대해서는 뒤에 기술한다. 따라서 정어리의 자원감소의 원인에 대해서도 난획론(亂獲論)이 우세하였다.

이와같이 원인이 잘 알려지지 않은 채 어느 정도의 변동을 동반하면서 정어리의 어획량은 감소를 계속하여 1965년에는 겨우 9000톤이 되어 버렸다. 수산청 수산연구소가 광범위한 해양조사결과 얻은 연간 산란수는 대략 22조립 이하로 아주 적어 특히 1968, 70년에는 1조립 정도로 확실히 맨 밑바닥이었다(그림. 1-5). 한때의 바다의 쌀「海의 米」은 꿈의 물고기「幻의 魚」가 되었다. 당시 정어리는 이제는 부활하지 않을 것이 아닌가라고 생각하는 사람이 많았다. 영국의 저명한 해양생태학, 수산자원학자 D. H. Cushing이 극동정어리자원의 붕괴가 가입난획(recruitment overfishing)의 결과라는 설을 발표한 것은 그 후 1971년이었다.

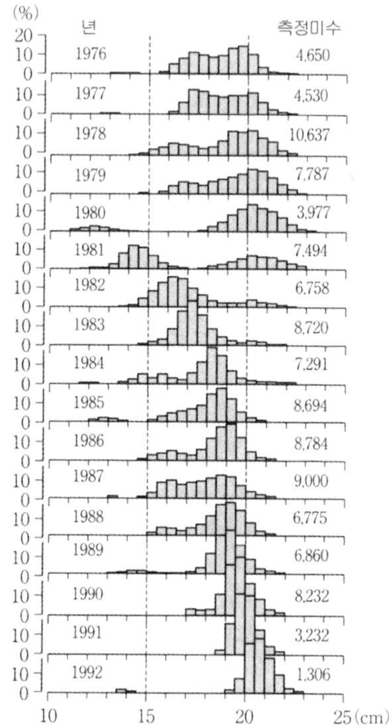

그림 1-4. 북해도 남동수역의 정어리 체장의 변화

자료) 북해도 쿠시로(釧路) 수산시험장

부활부터 다시 붕괴로

이미 언급한 바와 같이 정어리에는 두 계통군이 있다. 태평양측에 분포의 중심이 있는 태평양계통군과 동해에 중심이 있는 동해계통군이다. 「계통군」이란 수산자원학의 용어로 하나의 종중에 복수로 존재하는 개체수변동의 단위로서 분포역을 달리하고 있다. 줄여서 계군이라고도 한다. 이것은 개체군생태학에서 쓰이는 「개체군」과 같은 것이다. 널리 분포하는 종의 환경은 다양하여 각 환경에 적응한 복수의 계통군이 존재한다. 계통군 사이에 교류가 있고 생물량이 작을 때는 분리하였다가 커지면 융합하는 수가 있다. 1930년대에 번영한 정어리는 동해계통군이고 1980년대에 번영한 정어리는 태평양계통군이었다.

태평양계통군의 자원증대는 쿠마노나다(熊野灘)부터 서쪽의 키이반도(紀伊半島)주변에서 시작하였다. 1967~69년에 도사만(土佐湾)에서 정어리 산란의 징조가 나타고 70년에 대량의 결정적인 산란이 일어났다. 이 1970년생(1970 연급이라 불리는데, 연급이란 어느 해에 태어난 동시 발생집단이란 뜻)의 치어가 1세어가 되어 71년에 키이반도주변수역에 출현하였다. 또 동해에서도 같은 연급의 1세어가 태평양측과는 독립으로 노도반도(能登半島)~사도시마(佐渡島)수역에 출현하였다. 〈옮긴이 의견〉 이 극동산 정어리의 계통군에 대한 보다 구체적인 검토가 요구된다.

태평양계통군의 자원증가를 초래한 본격적으로 큰 연급은 1972 연급군이다. 이것은 도사만(土佐湾)~구마노나다(熊野灘)에서 대량으로 산출된 난의 생잔률이 폭발적으로 상승한 결과로 1973년에는 구마노나다(熊野灘)~이노보사끼(犬吠埼)근해에 1세어가 되어 대량 어획되었다. 2세어가 된 1972 연급이 산출한 1974 연급부터 후는 산란수가 잇달아 증가하였다. 생물량은 점차 커지고 분포가 퍼져 1976년에는 도동수역(道東水域)과 히가노나다(日向灘)~사쓰난(薩南)수역에 달하였다.

동해 계통군도 1972년 급은 큰 연급이었다. 노도반도(能登半島)~ 사도시마(佐渡島)수역에서 생물량이 점점 커지고 분포역은 서진하여 1976년에는 큐슈서방수역에 달하였다. 이렇게 되어 태평양계군과 동해계군의 융합이 일어났다. 그러나 어군은 일본열도를 따라 북진하지 않았다. 야마가다현(山形懸)이북의 일본연안에는 정어리는 거의 어획되지 않았다. 이점은 1930년대의 번영기와의 차이이다.

태평양을 북상한 정어리에 의하여 형성되는 도동어장에서는 1976~79년에 걸쳐 15~23cm의 넓은 범위의 체장조성이 계속되었다 (그림 1-4). 이것은 큰 연급이 계속 발생하여 자원에 가입하고 있음을 나타낸다.

정어리의 산란은 이주제도(伊頭諸島)주변부터 큐슈남부에 걸친 넓은 수역에서 이루어졌으나 1980년에는 일본남안이 쿠마노나다(熊野灘)이서의 산란수가 한번에 증대하였다(그림 1-5). 산란수역 서쪽으로의 이동이 일어난 것이다. 북측의 섭이수역과 남서의 산란수역이 명확하게 분리되었다. 이 해에 형성된 1980 연급이 이때의 정어리 번영기에 있어서의 최대 연급이었다. 정어리는 밀도효과(密度効果)가 성장에 강하게 반영되는 어종이나. 1980 연급은 거대 연급이었기 때문에 성장이 극단으로 나쁘고 또 1982년부터 88년의 6년간에 걸쳐 어획물의 주요부분을 점하였기 때문에 체장조성의 추이로부터 성장의 모양을 잘 알 수 있다.

그렇게도 융성을 과시하던 정어리도 1980 연급을 정점으로 하여 쇠퇴국면에 들었다. 그 후 1984년까지는 큰 연급은 나타나지 않고 85, 86년연이 대 연급, 87 연급이 중 연급이었으나 그것을 끝으로 88 연급은 난(卵)이 3897조립이나 산출되었음에도 불구하고 만 1세까지 거의가 사멸하였다. 이 모양이 그림에 표시되었다(그림 1-5). 1987년 이후는 85, 86 연급 특히 86 연급을 중심으로 어획되어 체장조성은 큰 측으로 이행해가서 1992년의 어획물의 대부분은 체장 20~23cm의 대형어이었다.

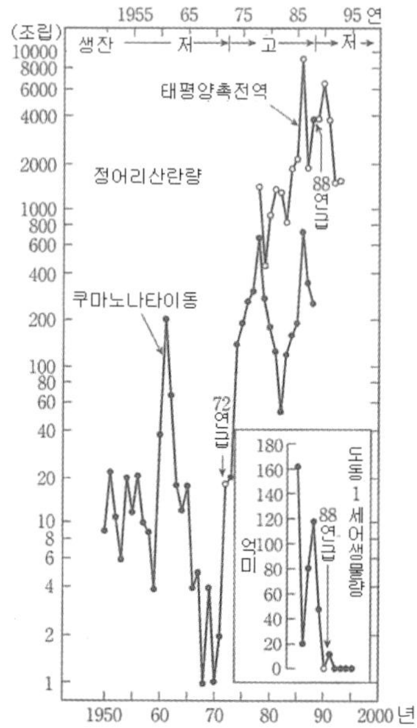

그림 1-5. 일본 태평양연안역의 정어리 산란량과 도동(북해도 동방해역)수역의 1세어 생물량(biomass)의 경년변화

주) 쿠마노나다(熊野灘) 이서의 생물량은 태평양측 전역과 쿠마노나다 이 동의 생물량과의 차

앞에서 성장난획의 특징으로 어획물의 크기(size)가 연년 작아져 평균연령이 연년 저하함을 지적하였는데(그림 서론-2), 정어리의 경우에는 역으로 어린 것이 뒤에 계속 출현하지 않고 size가 연년 커지고 평균 연령이 해마다 커져 자원이 소멸한 것이다. 그림 서론-2와 그림 1-4를 비교하면 정어리가 성장난획(growth over fishing)에 의하여 소멸한 것이 아님을 알 수 있다.

멸치(Anchoveta)의 붕괴

남미 태평양 연안을 훔볼트(Humboldt) 해류라는 큰 해류가 남에서 북으로 흐르고 있다. 이 훔볼트해류에는 세계최대의 어류자원인 페루 멸치(anchoveta)가 분포하고 있다. 페루 멸치는 스페인어로 멸치라는 뜻인데 단순히 anchoveta라 하면 훔볼트해류에 분포하는 멸치의 일종을 지시하게 된다. 그것은 어떤 대자원일까. 영어로는 Peruvian anchoveta라 한다. 대변동을 하는 부어자원에 대해서의 「난획」론이 결정적으로 강해진 것은 이 멸치에 관한 것이었다.

1950년대 후반에 들어 멸치를 어분(fish meal)으로 가공하여 수출하는 산업이 페루에서 부흥하여 어획량은 순식간에 증가하여 1970년에는 1306만 톤에 달하였다. 통계상은 이 숫자이나 실제로는 1600만 톤이라 한다. 이 어획량은 한 어종으로서는 지금까지의 세계기록으로, 1970년 이 멸치의 생산량은 세계 어업총생산량의 22%를 점하였다. 이와같은 멸치어획의 급증에 의하여 페루정부는 큰 세수를, 페루는 큰 외화수입을 얻었고 한편으로 이와같은 높은 생산량이 언제까지나 지속될 것인가라는 위구(危懼)가 생겼다. 과도어획이 아닌가라는 염려이었다.

페루정부의 요청으로 FAO(유엔식량농업기구)와 IMARPE(페루국립해양연구소)가 공동으로 페루멸치의 자원관리 연구를 시작하였다. 그래서 1970년에 개최된 전문가회의에서 다음과 같은 보고가 발표되었다.

「Anchoveta의 MSY는 950만 톤이다. 이것은 바닷새(sea bird)가 소비하는 200만 톤을 포함하고 있다. 연간 750만 톤이상의 어획이 계속되고 있으나 이 상태가 계속되면 anchoveta어업은 극동 정어리나 California 정어리 어업의 붕괴와 같이 붕괴의 위험을 당하게 될 것이다」

이 MSY라는 것은 “Maximum Sustainable Yield”의 머리자로 「최대지속생산량」이라 번역된다. 이것은 전통적인 수산자원학의 「자원최적이용」의 지표이다. 자원의 생물량이 자연변동하지 않는 조건하에서는 생물량을 변화시키는 것은 어획의 강도(어획노력량)뿐으로 그 결과 생물량과 어획노력량은 균형이 취해지게 된다. 이 사고방식을 평형이론(平衡理論)이라한다. 그림 1-6에서 횡축은 생물량과 어획노력량을 나타낸다. 종축은 자원으로부터의 자연생산량=SY(지속생산량)으로, 어획노력량이 매년 일정한 경우에는 계속하여 매년 얻어지는 일정한 생산량이다. 어획을 강화하면 SY는 증가한다. 그래서 자원의 생물량이 최대량(즉 어획이 행하여지지 않은 때의 biomass)의 반분이 될 때에 SY가 최대로 된다. 이것이 MSY이다. MSY를 넘어 어획을 강화하면 SY가 감소한다. 평형이론에서는 이 상태를 난획이라 한다. 평형이론에 대해서는 제 5장에서 자세히 설명한다.

그러나 이 경고는 페루 멸치어업에 전례가 없는 수입을 구가하던 페루의 산업계나 페루정부에 의하여 무시되고 1970년과 71년에는 MSY를 훨씬 넘는 어획이 이루어졌다(그림 4-2).

1972년에 어획량은 돌연 격감하였다. 즉 상기의 경고의 타당성이 증명되어 평형이론=MSY이론의 유효성이 실증된 일이 되었다. FAO라는 국제연합기관이 참여한 경우로 페루 멸치나 정어리도 난획에 의하여 붕괴되었다고 하는 권위자의 보증이 주어져 평형이론의 타당성이 확인된 의미는 컸다. 이와같이 되어 평형이론은 FAO 공인의 이론이 된 것이다.

페루 멸치의 어획량은 계속 감소하여 1983년, 84년에는 10만 톤 전후까지 감소하였다. 난획에 의하여 자원의 활력이 손상되어 부활하지 않는 것이 아닌가라고 염려하는 사람도 있었다. 그러나 1985년부터 다시 어획량은 자연히 증가하기 시작하였다. 페루 멸치는 부활 한 것이다. 어획량은 점차 증가하여 1990년대에 들어서는 MSY의 750만 톤을 넘어 1000만 톤을 넘는 해가 있기 시작하였다. 2006년 10월에는 한달에 250만 톤이라는 신기록도 나왔다. 페루 멸치의 높은 생물량은 그 뒤에도 계속되고 있다.

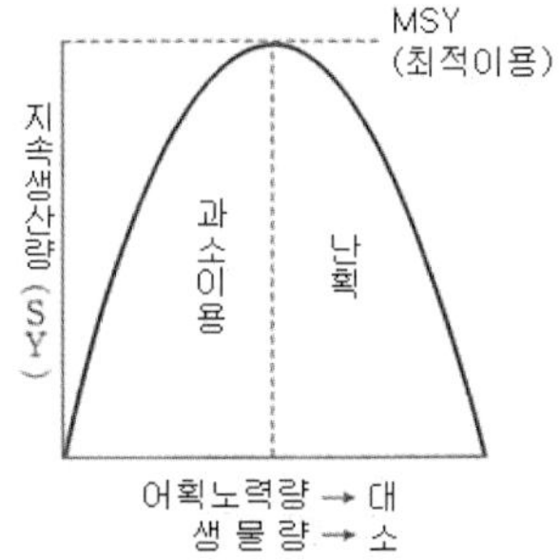

그림 1-6. 지속생산량(SY)과 어획노력량(생물량/biomass)과의 관계

회의는 조종되고－산호세(San Jose) 1983년

1980년대에 들어 정어리나 남동태평양 멸치(anchoveta)와 같은 부어자원의 대변동이 어획에 의한 것인가 환경변화에 의한 것인가 하는 논의는 국제적으로도 행하여졌으나 주류는 전자로 기울어 졌다. 이 문제를 논의하기위하여 FAO주체의 「부어자원의 자원량과 어종조성의 변동을 검토하는 전문가회의」가 코스타리카(Costa Rica)의 수도 산호세(San Jose)에서 1983년 4월에 개최되었다. 산호세는 열대지방에 있으나 해발 1100m의 고지로 쾌적한 기후였다. 회의에는 세계에서 수산자원학, 기후학, 해양학의 연구자가 모였으며 필자 가와사끼 (Kawasaki T)도 그 한사람이었다.

현재에도 그렇지만 국제학회에는 통상 두 종류의 참가자가 있다. 학회가 참가비용을 부담하여 초대되어 기조강연을 하는 저명한 연구자와 자기가 여비를 부담하고 참석하는 기타의 연구자이다. 산호세 회의에서 필자는 그 후자였다. 회의에는 문헌에서 종종 보던 유명한 연구자가 다수 참석하였다. 이 회의에는 두 가지 대조적인 보고가 행해졌다.

하나는 미국의 저명한 수산자원학자 R. H. Parrish, 해양학자 A. Bakun등의 보고였다. 그들은 세계의 많은 수역의 정어리 자원변동에 대해서 총괄적인 해석을 하여 다음과 같이 말하였다.

「어업은 정어리나 멸치의 극단적인 변동을 불러일으키고 있는데 평판이 나쁘다. 캘리포니아해류의 정어리와 벵겔라해류(Benguela Current)의 정어리는 격심한 어획에 의하여 붕괴되었다. 페루 멸치(anchoveta) 자원이 격심한 어획의 결과 붕괴한 것은 잘 알려졌다」

여기서 벵겔라해류는 남부 아프리카의 서해안을 따라 북으로 흐르는 해류로 그 연안에는 활발한 용승이 일어난다. 이 시기(1983년)는 페루 멸치자원이 낮은 수준에 있던 시기이다. 그들은 부어자원의 대변동은 난획의 결과라는 세계의 많은 대표적인 자원학자의 보고를 인용하여 그들의 보고를 보강하고 있나. 이와 같이 부어자원의 대변동은 난획의 결과라는 것이 당시 세계 학계의 지배적인 견해였다.

또 하나는 필자(Kawasaki T)가 발표한 「부어자원은 왜 큰 개체수변동을 하는가」라는 보고이다. 그 보고에 쓰인 그림을 보인다 (그림 1-7). 이 그림에는 쿠로시오역에 분포하는 극동정어리, 캘리포니아해류에 분포하는 캘리포니아정어리의 1900~80년, 훔볼트해류에 분포하는 칠레 정어리의 1960~80년의 어획량의 변동이 나타나있다. 칠레 정어리의 경우에는 1960년 이전에는 어업이 없었다.

어획량의 규모는 조정되어있으나 이 3종의 어획량은 각각 딱 맞게 중첩되어있다. 이것은 아무래도 우연히 일어난다고 생각되지 않는 것이다. 필자(Kawasaki)는 이것을 다음과 같이 해석하였다. ①태평양에서 서로 멀리 떨어져 있는 3 종의 정어리생물량의 변동은 동기(同期)되어있다, 즉 동시에 일어나고 있다(synchronized). ② 이와같은 공통의 변동을 태평양 규모의 해양변동과 그것에 관련되는 기후변동을 고려해 넣지 않고 설명하기는 곤란하다.

즉 지구적 기후변동이 멀리 떨어진 수역의 정어리에 동시에 작용하여 공통의 변동을 불러일으킨 것으로, 그 변동은 "어획에 의하여 불러일으켜 진 것이 아니다" 라 하는 것이다. 이 보고는 자원대변동의 난획 원인설과 정면으로 방향이 대립되는 것이었다. 학계의 주류의 견해에 대한 도전이다. 필자(Kawasaki)는 보고를 듣고 있던 연구자들의 아연(啞然)한 표정이 지금도 눈에 떠오른다. 이 논문이 이 책의 주제인 「체제전환, regime shift」를 처음 지적한 것으로 현재에는 국제적으로 인정되고 있다.

Bakun은 13년 후의 1993년에 쓴 바다의 구도「海의 構図」라는 저서 중에 다음과 같이 쓰고 있다.

「FAO 산호세 회의에서 우리들은 부어자원의 대변동은 인간의 기술력을 증대시켜 자원에 대한 압도적인 어획력이 급속으로 가해졌기 때문에 생겼다」라고 하였다. 이 생각은 당시의 주류의 과학적 사고 중에 충분히 납득되었다. 동시에 회의에서 일본의 Kawasaki교수는 같은 문

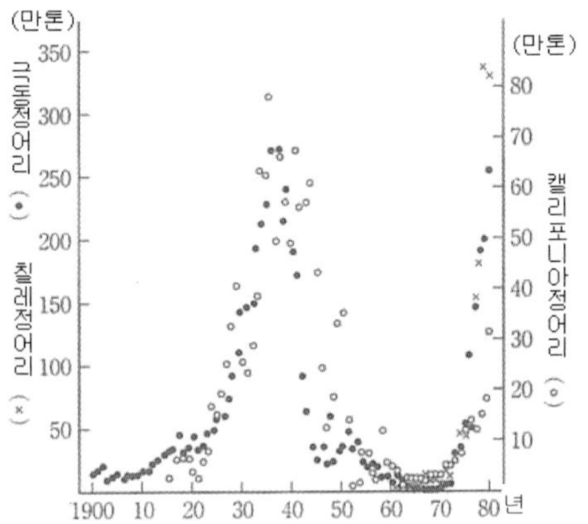

그림 1-7. 태평양의 정어리 3종 (극동 정어리, 캘리포니아 정어리, 칠레 정어리)의 어획 량 경년변동(1900~80년)

주) 체제전환 (regime shift) 발견의 단서가 된 그림이다.

출전) Kawasaki, 1983

제에 대하여 대단히 다른 견해를 보였다. 「한걸음 내려 태평양 정어리 어획량의 전체를 넓은 입장에서 보면 대양 전체의 동기성의 현저한 pattern이 나타난다」라 하는 것이다. 이것에 대한 저자의 반응은 정당한 과학적 회의주의였다. 메커니즘은 어떤 것일까. 아마도 시장요인이나 기술혁신이 다른 수역에서 거의 동시에 작동한 것이 아닐까. 아니면 외견상의 동시성은 우연에 지나지 않은 것이 아닌가. 「각 수역의 정어리가 장래에 동시에 감소하기 시작하면 그때 그의 말을 신용하자」 하였다. 역시 1980년대의 후반에 일제히 감소하기 시작한 것이다(그림 4-9).

Bakun은 계속 말한다. 「Kawasaki는 자국으로 돌아 갔지만, 1980년대의 후반에 4 수역(쿠로시오, 캘리포니아해류, 훔볼트해류, 벵겔라해류)에서 동시에 기본구조의 변화 즉 체제변화(regime changes)가 시작되었다. Kawasaki & Omori(1988)가 주장하는 바와 같이, 이 일을 기후와 관련시켜 설명하는 것은 완전히 논리적 이었다」

비고(Vigo)에서 센다이(仙台)로 1986~89년

Kawasaki & Omori(1988)는 1986년 11월에 스페인의 비고(Vigo)에서 개최된 「해양어류자원의 장기변동」이라는 심포지엄에서 Kawasaki가 보고한 논문 「태평양의 3대 정어리자원의 변동과 전지구 기온의 경향」을 말한다. 비고(Vigo)는 대서양에 면한 어항으로 포르투갈에 가까이 있고 일본의 어선도 다수 입항하여 있었다.

저자(Kawasaki)는 북반구 고위도(64.2~90도)의 평균기온의 편차변동과 태평양 정어리 3종의 어획량을 비교하였는데 높은 상관을 보였다. 또 하나는 쿠로시오역과 훔볼트해류역의 정어리 어획량과 멸치 어획량의 변동을 비교하였는데 증가하는 정어리와 감소하는 멸치의 교대(交代)가 어느 수역에서도 1970년대 중반기에 생겼다. 정어리뿐 아니고 멸치도 지구적인 수준에서 동기적(同期的)으로 변동하여 그 변동이 정어리와 위상을 180도 지연하여 일어난 것이다. 이 일은 전 지구수준에서 동일 분류군의 동기적인 생물량(biomass)의 변동이 일어날 뿐 아니고 생태계(生態系)의 진환이 일어나고 있음을 나타낸다.

이와같은 어종교대(교체)도 전에는 난획의 결과라 생각되었다. 미국의 정어리 연구자인 G I. Murphy는 「1940년대의 캘리포니아 정어리의 붕괴가 어획의 압력이 없이 일어날 가능성은 거의 없다. 정어리가 가고 비어있는 생물학적 niche는 멸치에 의하여 채워져 그 결과 정어리의 저수준이 계속되고 있다」라고 1966년에 기술하고 있다. 또 같은 미국의 I. M. Dichi는 「어종교대의 확률을 높이는 것은 난획뿐일 것이다」라고 1971년에 주장하고 있다.

저자의 두 보고에서 부어 개체군의 변동을 둘러싼 문제점이 제시되었다. 즉 다음 3점이다.

① 같은 분류군의 개체수변동의 전 지구적 동기성

② 개체수변동과 전 지구적 기후변동과의 강한 결합

③ 어종교대의 전 지구적 동기성

보고가 끝나고 CIB(캘리포니아반도 생물학연구센터) 소장인 D Lluchi Belda와 미국의 스크립스 해양연구소의 R. A. Schwartzlose가 저자 가까이 왔다. 「흥미 있다. 국제워크숍을 열지 않겠느냐」

1987년 11월에 CIB가 있는 멕시코의 라바스에서 제 1회의 국제워크숍이 개최되었다. 라바스는 캘리포니아반도남단에 가까운 사막중의 도시로 캘리포니아만에 면하여있다. 워크숍에는 멕시코, 미국 남아프리카, 일본의 연구자들이 모였으며 Kawasaki보고는 부어생태계 기본구조의 문제(regime의 문제)라는 인식에 일치하여 regime workshop이 발족되었다.

Regime이라는 언어의 유래는 물론 프랑스어의 안샨. 레짐이다. 이 말은 1789년의 프랑스 혁명이전의 정치사회체제(구체제)를 지시한다. 그리고 미국 부시대통령(2001~09)이 연설중에 쿠바의 현 체제를 카스트로 regime이라 부른 것이 생각난다. 즉 regime이란 기본적으로 사회체제, 정치체제를 뜻한다. 이와같은 사회과학의 용어를 우리들은 자연과학에 전용하였다. 그래서 그 후 regime shift라는 말이 나왔다. 기본구조(基本構造)의 전환(轉換)이라는 의미이다.

이때의 합의에 기초하여 1989년 11월에 저자(Kawasaki T.)가 당시 근무하고 있던 동북대학에서 「부어자원과 그 환경의 장기변동」이라는 국제 심포지엄이 개최되어 세계각지에서 많은 연구자가 참석하였다. 이 심포지엄의 기록은 같은 서명의 책으로 Pergamon Press로부터 1991년에 출판되었다. 이중에 워크숍 참석자인 남아프리카의 R. J. M Crawford는 다음과 같이 기술하였다.

「태평양의 3수역의 정어리의 어획량사이에 상호관계가 나타나는 것은 이들이 기후에 의하여 영향을 받고 있다는 가설을 강하게 지지하는 것이다. 이들 수역이 대단히 떨어져 있음에도 불구하고 각각의 개체군에 대한 영향이 아마 동시에 작용하고 있는 사실은 상호관련이 해양에 의하여 매개되고 있는 것이 아니고 대기에 기원이 있다는 것을 나타낸다. 해수의 교환이 전혀 없는 북태평양과 북대서양과의 사이에 상호관계가 있는 것 같다는 것도 상기의 결론을 보강하는 것이다」

정어리, 멸치에 있어서의 regime shift의 발견에 자극을 받아 다른 해양생물에 대한 regime shift의 연구가 1990년대 초부터 왕성하여 이 현상이 해양생물의 대부분의 분류군이나 생태계에도 보인다는 것이 분명해졌다.

고문서의 기록과 해저의 비늘

일본 수산청 동해구수산연구소에 근무하고 있던 히라이(坪井守夫)는 1987~88년에 발표한 보고「Honshu, Shikoku, Kyushu를 일주한 정어리주 산란장」중에서 주로 치바현(千葉懸) 銚子를 중심으로 한 관동지방의 고문서의 기록으로부터 과거의 정어리의 풍흉기(豊凶期)를 논하고 있디.

1936년의 최대치(peak) 이전의 최대치는 에도시대(江戸時代)말기의 1864년(元治元年)이다. 이때는 호소반도(房總半島)연안에 「바다도 산도 정어리의 산」이라 알려지고 대어절(大漁節)이나 대어춤(大漁踊り)이 생겼다. 그 전의 최대치는 에도(江戸)후기의 1907년(文化4년)이었다. 「貞亨부터의 名主日記」의 「年年の覺え書」중에 「九十九」里地區飯岡村 今年大漁 塩정어리 百疋上納, 卯八月中旬부터 三川下에서 当浦에 정어리를 엄청나게 인양하고, 9월 중순부터 10월 13일까지 거의 400롱(籠)부터 점점 정어리 값이 떨어져 금고만으로는 이것 없는 때」라 기록이 있어 대어빈핍(大漁貧乏)을 한탄하였다. 이렇게 하여 히라이(坪井)는 과거의 정어리의 최고치가 나타난 해를 1571, 1651, 1761, 1800, 1864년이라 추정하였다. 그것에 소화(昭和)연대에 들어서부터 1936년, 87년이 더해졌다. 평균하면 간격은 69년이다.

그 후 2005년이 되어 수기모도(杉本隆成)(동해대학), 쿠로다(黑田一紀), 카에미(加三千宣)(愛媛대학)가 「자원변동의 역사적 변천」을 발표하여 그림 1-8에 나타낸 것과 같은 정어리의 풍흉사를 게재하였다. 최고치를 보인 해는 1580(?), 1651, 1716, 1836, 1936, 1988년으로 간격에는 특히 주기성은 나타나지 않고 또 정성적인 자료에 의한 것이라 생물량의 양적인 추정은 곤란하다. 그러나 확실한 것은 銚子를 중심으로 하여 1545년에 시작한 정어리어업이 긴 주기적인 풍흉의 파를 반복하여 왔다는 것이다.

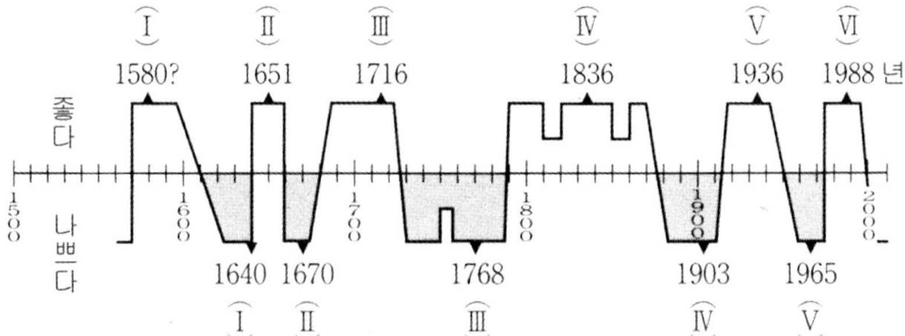

그림. 1-8 일본 정어리어업의 풍흉사

출전) 杉本 등, 2005.

1930년대 풍어기의 캘리포니아에서는 정어리는 통조림과 어분(fish meal)에 쓰이었다. 당시 정어리 어업의 융성은 존 스타인벡크의 명작 「Cannery Row(缶詰横町)」에 묘사되어 있다. 무대는 샌프란시스코부터 남으로 200km, 승용차로 2시간 반 거리에 있는 몬테레이다.

아침 정어리선단의 어로가 끝나면 건착망어선이 기적을 울리며 흘수도 무겁게 만안으로 들어온다. 정어리를 가득 실은 배는 통조림공장들이 엉덩이를 만안으로 내밀고 있는 해안에 접근한다. 이윽고 통조림공장의 소리 높은 기적이 거리를 메아리치면 남자나 여자나 급히 옷을 입고 통조림공장 뒷골목에 달라붙어 일을 시작한다. 그들은 서둘러 오면 고기를 세척하고 줄맞추어 잘라 깡통에 넣어 맛을 붙이고 통조림을 완성한다. 길거리는 천둥이 울리고 꿍꿍거리고 삐걱삐걱 덜그럭 덜그럭거리는 소리를 낸다. 그러는 사이에도 배에서 고기가 은빛의 강이 되어 흘러내려 흘수는 쑥쑥 높아지고 드디어 공선이 된다. 통조림공장은 천둥을 울리고 덜그럭 소리를 내고 계속 삐걱거리며 마침내 최후의 한 마리가 세척되어 잘려 나열되고 맛이 붙여지고 통조림이 되면 이윽고 기적이 소리높이 울리고 Cannery 뒷골목은 다시 원래 모습으로 돌아간다. (「Cannery 뒷골목」 井上謙治 譯)

그러나 이 융성은 오래 지속되지 않았다. 1940년대에 들어 어획은 급감하고 통조림공장 뒷골목은 불이 꺼진 것처럼 되었다.

그 후 1960년대 후반부터 해저의 무산소층의 퇴적물에 관하여 어류비늘의 퇴적속도의 시간적 변화에 대한 연구가 시작되었다. 이것은 해저의 무산소층으로부터 기둥모양(柱狀)의 core sample을 채집하여 기둥을 단면이 둥글게 썰어 그 안의 비늘 수를 세어 퇴적속도(비늘의 수/1000cm^3/연)를 계산하는 것이다. 퇴적속도는 생물량의 지수로 사용된다. 무산소층은 해수의 상하혼합이 적은 연안의 해저에 존재하는데 거기에는 비늘이 분해되지 않고 보존되어 있다. 퇴적물의 연대측정에는 방사성동위원소법이 사용되었다. 물론 정어리 이외의 어류의 비늘도 퇴적되어있으나 여기서는 정어리에 대하여 기술한다.

이 조사가 최초로 행하여진 것은 캘리포니아 근해이나 그 후 남미태평양연안이나 아프리카 대서양연안에서도 실시되고 최근에는 일본연안에서도 행하여지고 있다. 근년에 대해서는 비늘의 퇴적속도와 관계가 없는 별개의 방법으로 추정한 biomass이 양방의 자료가 있으므로 양자간의 회귀식을 만들면 옛 시대의 퇴적속도 자료로부터 그때의 생물량을 추정할 수 있다.

가장 잘 조사되어 있는 것은 캘리포니아연안의 Santa Barbara 해분중심(34° 15′ N, 120° 05′ W)의 수심 580m 해저이다. 멕시코의 T. R. Baumgartner 등이 1992년에 보인 이 정어리 생물량의 1700년간의 변화에 의하면 정어리는 큰 장기변동을 되풀이하고 있다(그림 1-9). 스펙트럼(spectrum)분석을 하면 변동의 주기는 약 60년으로 큰 붕괴와 회복의 파는 1700년 동안에 9회 있었다. 정어리의 높은 생물량의 계속기간은 1회 주기가 30년이다.

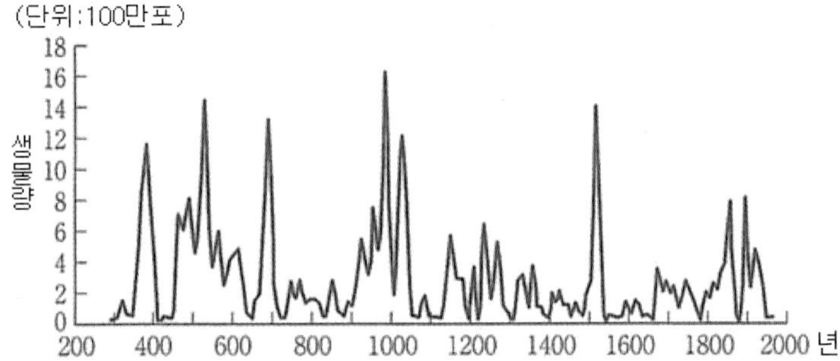

그림 1-9. 캘리포니아주~캘리포니아반도근해에서의 캘리포니아 정어리 생물량 (biomass)의 1700년간의 변동

주) Biomass는 비늘의 퇴적속도를 전환하여 얻어졌다

출전) Baumgartner et al., 1992.

일본의 연안에는 이와같은 무산소층을 포함한 해저는 적다. 가삼천선(加三千宣)은 오이다현(大分縣) 벳부만내(別府灣奧)의 수심 70m 해저에 이와같은 장소를 발견하였다. 벳부만의 저층에는 빈산소수괴가 형성되어 비늘의 분해가 억제되어있기 때문이라 생각한다. 加는 여기서 퇴적물의 core sample을 채집하였다(加등, 2008). 정어리와 멸치의 생물량은 크게 변동하고 있으며 100년, 1000년 규모의 변동을 보이는 것 같다.

이 조사에서는 1500년대 전반, 1600년대 후반 1800년대 전반, 1900년대 전반에 최고치가 보이고 고문서로부터 추정된 그림 1-8의 풍흉사와 거의 일치하고 있다.

정어리 자원변동의 메커니즘

제 4장에서 자세하게 논하겠으나, 자원의 변동은 연급의 크기 변동이며 연급의 크기(자원량, size)를 지배하는 것은 산출되는 어란(魚卵)의 양(즉 친어의 양)이 아니고 그것이 얼마만큼 살아남는가, 즉 생잔률(生殘率)이고, 생잔률을 지배하는 것은 어란(魚卵)의 질(즉 친어의 질)과 그것을 실현하는 환경조건(環境條件)이다. 예를 들어 1 만 립의 알(魚卵)을 낳은 암컷의 친어가 1000미이고 1000만 립의 알이 산출되었다고 한다. 그 중에서 1만미가 만 1세에 자원에 가입할 때까지 살아남았다면 생잔률은 0.1%이다. 그 1만 미가 자연의 원인이나 어획에 의하여 사망하고 500미가 친어로 남아 산란하였다면 산란량은 500만 립이다. 이중에 2만 미가 만1세까지 생잔하면 생잔률은 0.4%이다.

결국 친어의 수가 반분이 감소했으나 새끼들의 수는 2배로 증가한 것으로 된다. 생잔률이 0.1%라는 것은 사망률은 99.9%이라는 것을 의미한다. 생잔률이 0.4%인 경우에는 사망률은 99.6%이다. 99.9%에서 99.6%로 겨우 0.3%의 사망률의 변화로 반수의 다음세대로부터 전의 세대의 배수의 세대가된다. 수 % 변화하면 대단한 것이 된다는 것을 알 수 있다. 이것이 대량의 알을 낳는 어류의 세계인 것이다.

그림 1-10에 일본근해에서 어획된 1937년부터 90년에 걸친 3세어의 피린체장(부리선단에서 꼬리지느러미의 비늘이 덮인데 까지 길이)과 연급의 크기(size) 지표로서 도동수역에 있어서의 1세어 일 때(2년 전)의 생물량(미수)의 시계열을 보인다. 횡축은 연급이다. 생물량이 커지면 정어리의 분포가 확대되어 혹가이도 구번수역까지 회유하여 어장이 형성된다. 전쟁전의 시대에 대해서는 생물량의 자료가 없어 이 그림에 나타내지 않았으나 1939년까지는 분카만(噴火灣)에 큰 어장이 형성되어 매년 15만 톤 이상 어획되었으므로 1세 어의 생물량은 컸을 것이라 생각된다. 특히 1934년에는 분카만에서 50만 톤의 최대 어획이 있어 1933년급의 생물량은 대단히 컸던 것 같다. 1940년에는 분카만에서의 어획량은 8만 톤으로 크게 감소해 있어 1939년급의 생잔이 격감했던 것이라

추측된다.

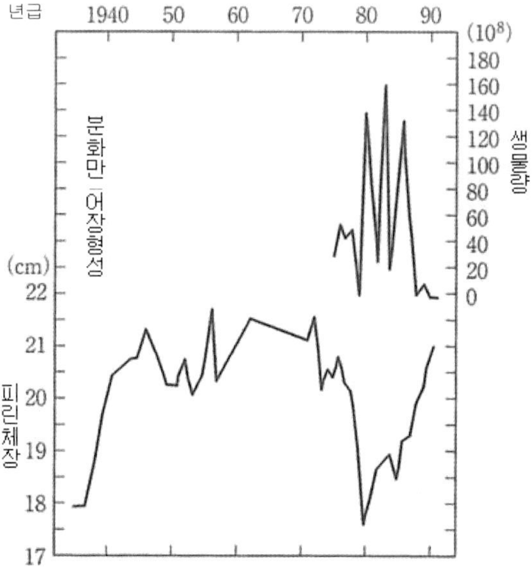

그림 1-10. **일본근해의 정어리 3세 어의 피린체장(하)과 도동(북해도 동방)수역의 1세 어의 생물량(상)의 변동**
출전) Kawasaki and Omori, 1996

그림 1-10에서 보는 바와 같이 1937, 38년급의 성장은 대단히 나쁘다. 그 후의 생물량이 작은 1939~71 연급의 성장은 대단히 좋다. 그래서 1972년부터 1987년에 걸쳐 큰 연급이 형성되었다. 이때의 정어리의 성장은 대단히 나쁘나 생물량이 작아진 1988년급부터 급속으로 성장이 좋아지고 있다. 이상의 것으로 봐서 정어리의 연급 size(자원량)와 3세어의 체장 즉 성장과의 사이에 높은 역상관관계가 있음을 알 수 있다. 즉 생물량이 작은 때에는 개체의 영양상태가 좋으므로 성장이 빠르고 생물량이 큰 때에는 개체의 영양상태가 나빠 성장이 느리다. 이것은 어떤 것을 의미하는 것일까.

여기에 흥미 깊은 연구가 있다. 수산청 서해구수산연구소(당시) 모리모도(森本晴之, 1996)는 남일본 연안의 11~2월 산란기에 완숙난(完熟

卵)을 가진 정어리를 조사하였다. 그 결과 정어리의 생식선지수(생식선 중량/체장의 3승)와 비만도(체중/체장의 3승) 사이, 완숙난의 난황용적과 비만도 사이, 그리고 난소의 지방함유량과 근육의 지방함유량 사이, 난소의 EPA (eicosapentaenoic acid, 고기 기름 중에 많이 포함되어있는 고급 다가 불포화 지방산)함유량과 근육중의 EPA함유량과의 사이 등에도 정의 상관관계가 있음을 알았다. 이와같은 친어의 체조직 영양상태와 생식조직의 영양상태와의 사이에 상관이 인정되는 것은 친어 몸 상태가 거기서 산출된 난이나 정자의 질과 양에 강하게 영향을 미친다는 것을 나타내고 있다

이들 사실로부터 정어리의 자원변동 메커니즘에 대하여 저자(Kawasaki T)는 다음과 같은 가설을 세웠다. 정어리는 기본적으로 연안어이다. 연안수역(연안권)에 서식하고 있는 정어리는 전체의 생물량은 작으나 과밀상태는 아니고 개개 어체의 영양상태는 좋고 질 높은 알이나 정자를 산출하여 질이 높은 새끼가 자원에 가입해온다. 환경조건이 이와같은 전환(shift)이 생기면 태평양계통군의 1972 연급의 경우와 같이 질이 높은 난으로부터의 생장이 단번에 좋아져 정어리는 연안어로부터 대회유어로 변신한다. 이 메커니즘은 잘 알 수 없으나 곤충의 세계(특히 메뚜기류)에서 보이는 「고독상」으로부터 「군거상」으로의 변신과 같다. 이것을 상변이(相變異)라 하는데 「연안상, 沿岸相」으로부터 「회유상, 回遊相」으로의 변신이다.

이렇게 하여 생물량은 폭발적으로 커지고 회유범위는 크게 확대하나 정어리는 과밀상태가 된다. 그 결과 성장이 나빠지고 친어의 질이 저하하고 난(卵)의 질이 낮아진다. 이 상태가 어느 역치(閾値, threshold)를 넘으면 질이 낮은 친어가 산출하는 질이 나쁜 난에서 부화된 자, 치어의 생잔이 1988 연급의 경우와 같이 단번에 저하한다. 그 결과 정어리는 대회유어로부터 연안어로 돌아온다. 이와 같이 증가 메커니즘은 밀도 독립적(density independent) 이나 감소의 메커니즘은 밀도 의존적(density-dependent)이다.

저자(Kawasaki T)는 이와같은 가설을 지지할 수 있는 자료를 찾고 있던 중에 다행히 마쓰시다(松下七郎)편저의 「어유와 정어리」에 1970, 80

년대의 정어리의 번영에서 쇠퇴로 향하는 시기의 지방함유율(脂肪含有率)의 자료가 게재되어 있었다. 그림 1-11은 혹카이도 동부해역인 도동수역에서 8~10월 및 9~10월에 어획된 전장(주둥이 끝에서 꼬리지느러미 앞까지의 길이) 19cm이상의 정어리 성어 근육 중의 평균지방함유율 변화를 1975년부터 1990년에 걸쳐 나타낸 것이다. 정어리는 겨울에서 초봄에 걸쳐 산란하므로 8~10월은 산란 직전의 시기이다. 정어리는 10월이 되면 산란을 위하여 남하를 시작한다. 그림 1-11에서 보는 바와 같이 지방함유율은 생물량증대기의 초기인 1975~78년에는 대단히 높았으나 생물량이 증대함에 따라 급감하여 peak시인 1983~89년에는 낮은 수준으로 되었다. 그래서 생물량의 감소경향이 현저해졌던 1990년에는 반전 상승을 개시하였다.

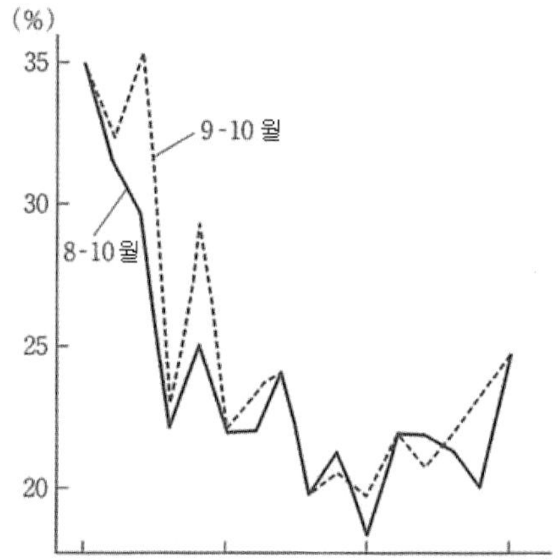

그림 1-11. 도동(북해도 동방)수역에서 어획된 산란 직전의 정어리 성어 근육의 평균 지방함유율
출전) Kawasaki and Omori, 1995

어체의 지방함유량의 변동과 생물량의 변동과의 관계에 대해서는 남아프리카공화국 Capetown에 있는 해양어업연구소의 A. J. Boyd등의 1998년의 연구가 있다. 동계에 어군탐지로 행하여진 남아프리카 멸치의 가입군 생물량의 변동과 남아프리카공화국 서안의 항구에서 어분을 생

산할 때의 「어유/어분」의 비율의 변동을 보면 가입량과 「어유/어분」의 변동은 높은 상관을 보이고 있어 지질의 함유율이 높고 질 좋은 난에서 태어난 가입군의 생잔률이 높다는 것을 보이고 있다.

제 2 장

플랑크톤에서 다랑어까지

- 해양생태계의 대변동 -

사진. 고기를 잡을 때는 어군을 에워싸도록 투망하고 그물의 하부를 사루모양(袋狀)으로 죄어 끌어 올린다.

바다의 생물과 생태계

생명은 태고의 바다에서 태어났다. 그런 의미에서 생명(生命)의 원초적 형태는 바다에 있고 육상생물은 바다에 기원을 가지고 있다. 바다는 진화단계의 낮은 생물로 가득 차서 넘치고 있다. 한편 육상에서 진화하여 바다로 들어온 생물도 있다. 현재 바다에서 대 번영을 하고 있는 어류의 선조는 담수어이며 해양포유동물도 육상기원이다(예, 고래). 옛적부터 안정(安定)된 환경인 바다의 주역은 전적으로 진화단계가 낮은 생물군이다. 육상은 바다에 비하여 심하게 다양한 환경이며 그중에는 다양한 고등생물이 진화한 것이다.

해수는 대기와 어떻게 다를까. 해수의 화학조성은 지구상 어디에도 거의 일정하다. 수온변화(水溫變化)의 폭은 -2℃부터 30℃까지이며 그 이하면 결빙하고 이상이면 증발하여 열이 기화열로 대기로 빠져나간다. 육상의 기온에 비하여 얼마나 변화의 폭이 좁은 가를 알 수 있다. 그리고 해수는 밀도가 높기 때문에 부력이 크고 생물은 체형이나 자세를 유지하기 위하여 큰 골격이나 에너지를 필요로 하지 않는다. 게다가 바다는 영양분을 포함한 수프(soup)이다. 이와같은 안정된 환경일지라도 바다는 서서히 변하여 장주기의 체제전환(regime shift)이 일어나는 것이다.

바다에는 해류(海流)가 흐르고 있다. 이 해류나 수괴의 성질에 의하여 세계의 바다는 특성이 다른 생태계(生態系)로 구분된다. 우선 생태계란 무엇인가를 생각해보자. 「생태계」라는 말은 최근에는 어디서나 쓰이고 있는 보통명사이나 사람은 제각기의 image로 쓰고 있으므로 그 의미하는 정도는 사람에 따라 여러 가지이다. 여기서는 우선 그 과학적인 정의를 보이기로하자. 「Iwanami(岩波)생물학사전 제 3판」(1983)에는 다음과 같이 쓰이어있다. 「어느 지역에 사는 모든 생물과 그 지역 내의 비생물적 환경을 일괄하여 주로 물질환경이나 energy흐름에 주목하여 기능계로 하여 파악된 것. 생산자 · 소비자 · 분해자 · 비생물환경이 이것을 구성하는 4개의 부분이다」 이 정의는 생물은 환경으로부터 잘려 떨어질 수 없는 존재임을 나타낸다.

미국 북서어업과학센터의 K. Sherman과 Duda(2008)는 세계의 연안 근해의 수역을 64개 대규모 해양생태계(LME)로 나눴다. 세계 수산자원의 대부분은 이 중에 들어가 있다. 일본열도를 둘러싼 LME는 동지나해(남서제도~큐슈서측으로부터 대륙까지의 폐쇄해), 쿠로시오(남서제도~혼슈의 태평양측), 동해 (대한해협-소야해협 및 쓰가르 해협간의 폐쇄해), 오야시오(혹카이도-Kuril열도 태평양측), 오호츠크해(혹카이도북측의 폐쇄해역)등의 5개이다. 이것으로부터 LME는 수괴의 성질에 의하여 구분됨을 알 수 있다.

더욱 「군집, 群集」이라는 말이 있다. 이것은 복수의 종으로 된 생물의 집합이다. 플랑크톤군집이라던가 다랑어군집이라 쓰인다.

플랑크톤의 변동

바다의 생물은 그 생태로부터 세 카테고리로 나눠진다. 유영생물(nekton), 저서생물(benthos), 부유생물(plankton)이다. 플랑크톤은 흐름에 거슬러 헤엄치는 유영력이 없는 생물이라 정의되고 있는데 바이러스, 세균, 식물플랑크톤, 동물플랑크톤부터 해파리, 어류인 개복치 등이 포함된다. 바이러스가 생물인가의 여부는 논의가 나눠지는 점이 있으나 여기서는 식물플랑크톤(단세포조류), 동물플랑크톤(주로 갑각류)에 대하여 생각한다.

식물플랑크톤에 대하여 체제전환(regime shift)이 보여진 것은 미국의 E. L. Venrick등에 의한 1987년의 연구가 처음이다. 그들은 북태평양의 아열대수역에서 연직방향의 Chlorophyll-a 분포의 경년변동을 조사하였다. Chlorophyll-a라는 것은 엽록소의 일종으로 그 양이 광합성을 하는 식물플랑크톤 양의 지표가 된다. 그 결과 1970년대 후반 이후에 Chlorophyll-a가 2배 이상 증가한 것을 확인하였다. 뒤에 논의하는 바와 같이 여기에 포함되는 1976-77년은 지구적인 규모로 체제전환(regime shift)이 생긴 유명한 예이다.

동물플랑크톤의 수십 년 규모의 변동은 미국의 R. D. Brodeur 와 D.

M Ware에 의하여 알래스카만에 대하여 1992년에 처음으로 보고되었다. 그들은 1970년대~80년대의 동물플랑크톤 생물량의 변화를 조사하여 1980년대에 들어 현저하게 높은 값이 얻어진 것으로 이것이 1976-77년의 regime shift에 대응하여 변화하였을 가능성을 기술하고 있다.

동물플랑크톤 생물량(biomass)의 장기자료로 특필할 만한 것은 1950년대부터의 일본 혼슈 동방수역의 생물량 자료를 축적한 오다데(小達)에 의한 수집(Odate collection)이다. 일본 농림성(현재 농림수산성)에 의한 바다의 환경이나 생물자원의 연구는 소화(昭和) 초기(1920년대 초)부터 일본 농림성수산시험장에 의하여 행하여졌으나 1949년부터 전국 8 해구수산연구소로 분할되었다. 저자(Kawasaki T)는 Tohoku대학을 졸업한 후 그중의 하나인 Tohoku수산연구소(미야기현 시오가마시, 이바라기현~아오모리현의 태평양측의 바다가 연구대상)에 1950년 취직하였다. Tohoku수산연구소에서는 각 현의 수산시험장의 협력을 얻어 혼슈동방의 해양조사를 광역에서 행하고 있었는데 그 중에 방대한 플랑크톤 표본이 있었다. 그 처리를 담당한 사람이 小達和子이었다.

플랑크톤의 채집은 관측선이 관측점에서 플랑크톤채집망(plankton net)이라는 원형의 그물을 선상으로부터 해중에 내려 그것을 끌어올려 채집병에 포르말린(formalin)과 함께 넣어 보존한다. 관측선은 10 노트(knots)정도의 속력으로 달려 주야를 가리지 않고 2시간 만에 한번씩 관측하므로 1주간 항주하면 많은 표본이 얻어진다. 관측선의 수는 동시기에 복수이므로 연간의 총 항해수는 대단히 많고 방대한 표본이 수집된다.

표본은 실험실에서 병마다 현미경하에서 관찰된다. 아무튼 생물의 종류가 많다. 그것을 종마다 체장을 측정하고 계수하여 기록한다. 이것은 대단히 끈기가 필요한 일로 큰 인내력을 필요로 한다. 그녀는 이 일을 42년간에 걸쳐 성취하여 세계에서도 유수의 장기간의 플랑크톤 자료(plankton data collection)를 만들어 내었다. 이 일은 그 후에도 계속되고 있다. 장기의 자료를 축적하는데는 이와같은 강한 인내와 노력이 필요하다.

그림 2-1은 Odate collection과 그 후에 얻어진 자료를 기초로 오야시오수역에 있어서 1955~ 2004년의 동물플랑크톤 생물량의 장기변동을 보이는 것인데 생물량이 크게 변동하고 있을 뿐 아니라 그림에 나타내지 않았으나 종의 다양성(생태계의 다양성)도 크게 변동하고 있다(제 4장).

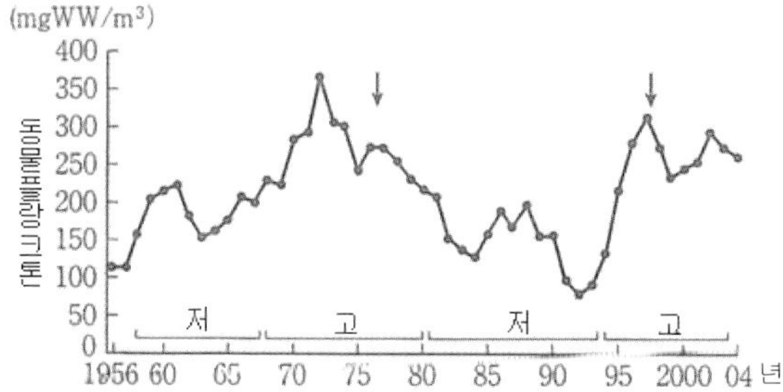

그림 2-1. 오야시오수역(親潮水域)의 동물플랑크톤 생물량(biomass)의 장기변동

주) 하향 화살표는 체제전환(regime shift)이 일어난 1976-77년, 1997-98년을 나타낸다.

출전) Sugisaki, 2006.

대서양에서 플랑크톤의 조사는 과거부터 행하여졌다. 그 방법은 상기한 바와 같은 현미경에 의한 상세한 것이 아니고 CPR(연속플랑크톤기록계)를 쓰는 방법이다. CPR라는 것은 항주중에 선미에서 예항하는 기기로 1940년대 말부터 사용되어왔다. 이것은 플랑크톤을 걸러내는 실크가제에 전개하는 방법으로 동물플랑크톤과 대형의 식물플랑크톤의 biomass를 기록할 수 있다. 통상 정기항로를 항주하는 상선에 위탁하여 조사하고 해양관측선의 조사가 그것을 보충하고 있다. 프랑스의 S. Souissi 등(2007)이 North Sea(Copepoda 아강의 Calanidae과)와 지중해서부(동물플랑크톤)에서 biomass의 장기변동을 조사한 결과에 의하면 1980년대에 큰 shift가 생기고 있었다. 그러나 자세히 보면 북해(North Sea)에서는 1976년, 지중해에서는 1974년에 별개의 큰 변화가 일어나고 있었다. 1976-77년의 지구적인 체제전환(regime shift)이 여기에도 생기고 있었다.

연어류의 변동과 부화방류

북태평양의 고위도 수역은 연어류의 보고이다. 여기에는 일본, 러시아, 미국, 캐나다가 예로부터 연어류를 이용하여 왔다. 연어류의 분포는 베링해, 알라스카만, 오호츠크해를 포함한 고위도수역 전체에 걸쳐 있다. 어획되는 주요 연어류는 곱사연어, 백연어, 홍연어, 왕연어, 은연어의 5종이다. 앞 3종이 어획량의 대부분을 점하고 특히 곱사연어가 많다. 연어류는 각각 모천을 가지고 거기서 산란한다.

1920~2003년의 연어류의 북태평양전체의 어획미수를 보면 장주기의 체제전환을 나타낸다. 전환이 일어난 시기는 1924-25년, 1947-48년 1975-76년, 1988-89년이다. 가장 큰 전환은 1947-48년, 1975-76년에 일어났는데 이것은 제 4장에서 나타내는 북태평양의 기후변동의 지수인 PDO(Pacific Decadal Oscillation, 태평양 10년 규모진동)에서 20세기에 가장 큰 전환이 생긴 1946년, 1977년과 겹처진다.

일본에서 가장 많이 어획되는 것은 백연어 (Chum salmon, *Oncorhynchus keta* (Walbaum))이다. 이하 연어라 한다. 어법은 주로 연안의 정치망이다. 연어는 주로 혹카이도부터 동북지방 북부의 하천을 모천으로 하고 있다. 강으로 올라온 연어는 어획되어 부화장으로 운반되고 거기서 인공수정이 된다. 부화한 치어는 다음해 이른 봄에 바다로 내려간다. 연안에서 1~3개월을 보낸 유어는 오호츠크해로 이동한다. 1세의 여름을 오호츠크해에서 보낸 후 가을에 쿠릴(Kuril)열도~캄차카(Kamchatka)반도 동측의 바다로 이동하여 월동한다. 봄이 되면 2세어는 베링해로 들어간다. 거기서 먹이를 충분히 취하고 크게 성장하여 가을에서 겨울에 걸쳐서는 알라스카만으로 이동한다. 이 무렵부터 그들은 성숙하기 시작하여 베링해에서 캄차카반도~쿠릴열도를 지나 빠른 것은 다음 가을 3세 어인데 주력은 4세 어로 일본의 모천으로 돌아온다.

일본의 연어류는 1880년대에는 혹카이도(北海道)에서 연간 약 1100만미가 어획되었다. 그 당시는 산란장을 보호하는 등 자연번식보호정책이 취해졌으나 회귀미수는 감소하기 시작하였다. 미국으로부터 부화방류기술이 도입되어 인공 부화방류정책으로 바뀌었으나 어획량은 계속 감소하여 1910년대에는 홋카이도에서 300만~500만미로 되고 1970년대 초기까지는 이 수준이 계속되었다.

연어의 부화방류의 성공도를 측정하는 기준이 되고 있는 것은 회귀율(回歸率)이다. 회귀율은 부화된 해부터 4년 후의 회귀수를 방류수로 나눈 값으로 「%」로 표시한다. 즉 방류어의 생잔율이다. 일본에서 방류된 연어의 회귀율은 예전에는 1%이하로 낮은 것이었으나 치어로 급이(給餌)하여 성장시켜 적기에 방류하는 등의 방류기술의 개선에 의하여 1966년급(1970년 회귀)부터 1%대로 오르게 되었다. 한편 방류수는 1970년대에 들어서부터 증가하기 시작하였다(그림 2-2).

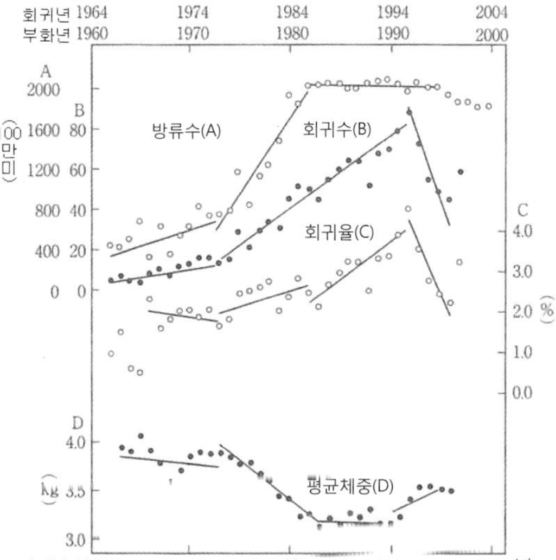

그림 2-2. 일본의 백연어의 방류수(A), 회귀수(B), 회귀율(C)과 회귀어 평균체중(D)의 경년변화
출전) 川崎, 2004

회귀율 즉 해양생활기에 있어서 생잔율은 1970년대 중반까지는 저하경향이었으나 그 시기를 변곡점으로 하여 급상승하기 시작하였다. 또

다시 1970년대 중반이다. 이 체제전환이 일어난 시기와 같은 무렵부터 방류수도 급상승하기 때문에 회귀수는 현저하게 증가하였다. 1982년급 이후는 방류수는 거의 20억 미로 안정되어 있으나 회귀율의 상승에 따라 회귀수는 증가를 계속하여 1992년급(1996년회귀)에서 회귀율은 4.5%, 회귀수는 일본전국에서 8800만 립에 달하였다.

회귀율의 이와같은 눈부신 상승은 왜 일어났을까. 일본수산청은 1999년도의 「어업백서」에서 방류기술의 향상의 성과라 자랑스럽게 말하고 있다. 많은 연구자들도 비슷한 말을 하고 있다. 그러나 그렇지 않았던 것이다. 방류수는 20억미 전후로 유지되었음에도 불구하고 회귀수는 1993년급(1997년회귀)부터 급감하여 1996년급(2000년회귀)에는 회귀율 2.2%, 회귀수는 4400만미로 어느 것이나 1992년급의 반분이 되었다. 체제전환(regime shift)이 생긴 것이다. 연어는 정어리와 같이 생물량이 개체의 성장에 민감하게 반영하는데, 이것은 그림 2-2 에서 잘 알 수 있다. 회귀수가 많을 때에는 평균체중이 가볍게 되어있다. 1992년급을 peak로 하는 회귀율(생잔율)의 급상승과 급강하를 방류기술 향상론으로 설명할 수는 없다.

부화방류정책의 이론적 근거는 수산청 서해구수산연구소의 무라가미(村上子郎)가 1970년에 기술한 「자연에는 자연의 상태로 이용되지 않는 여잉생산력이 있어 종묘방류에 의하여 그것을 이용할 수 있다」라 하는 「여잉생산력론」이다. 무라가미(村上)는 그 이유로 탁월연급의 존재를 든다. 탁월연급이란 앞뒤의 연급에 비하여 현저하게 자원량이 큰 연급인데 제 1장에서 기술한 정어리의 1980 연급은 이에 상당한다. 「환경이 자원을 수용할 수 있는 수용력은 탁월연급의 생물량에 의하여 표시되고 그것은 통상 완전히 이용되지 않는다. 어느 연급의 생물량과 탁월연급의 생물량과의 차가 여잉생산력이며 이것을 이용하기 위하여 종묘를 방류함으로써 환경을 완전히 이용하여 생산의 증가가 가능해진다」라 하는 것이다. 이 환경수용력 이론에 기초하면 정어리에는 모든 연급이 1980 연급이 될 가능성이 있게 된다. 그렇게 되면 바다는 항시 정어리로 가득 차게 될 것이다. 이 「여잉생산력론」은 「환경수용력」의 변종이다. 환경수용력이라는 것은「일정한 환경에서 어느 종이 생식될 수 있는 생물량의 상한」이다. 그것은 통상 가득 차있지 않으나 항시 가득 찰 가능성이 있다. 이 사고방식은 환경변동이 존재하지 않음이 전제로 되어있다.

그러나 생물은 그때 그때의 환경조건을 힘껏 이용하고 있다. 환경조건이 전환(shift)하면 단순히 양적으로 반응할 뿐 아니라 질적으로 반응하여 이용수단을 바꾸어 새로운 환경을 최대한으로 이용한다. 이것이 체제전환(regime shift)이다.

북해도대학의 가에리야마(歸山雅秀)교수는 20세기의 북태평양 연어의 생물량(추정한 것으로 어획미수는 아니다)의 변동에 대하여 흥미로운 사실을 지적하고 있다. 연어의 변동을 보면 1930년대와 1990년대의 두 개의 산이 있다(그림 2-3). 1946-47년과 1976-77년의 체제전환 (regime shift)의 전과 후이다. 각 시기의 생물량은 1억 4000만 립과 1억 3200만 립으로 큰 차가없다. 그러나 그 내용은 1930년대의 거의가 야생어 인데 대하여 1990년대에는 60%가 일본으로부터 방류된 부화장연어이다. 이것에 대하여 가에리야마교수는「대형으로 방류된 부화장연어와 소형의 야생연어와의 사이에 환경을 둘러싼 경쟁이 생겨 전자가 우위에서 교체가 일어났다」라는 가능성을 지적하고 있다. 그렇다고 하면 부화방류에 의하여 자원은 증가하지 않게 되므로 부화방류정책은 수정을 직면하게 된다.

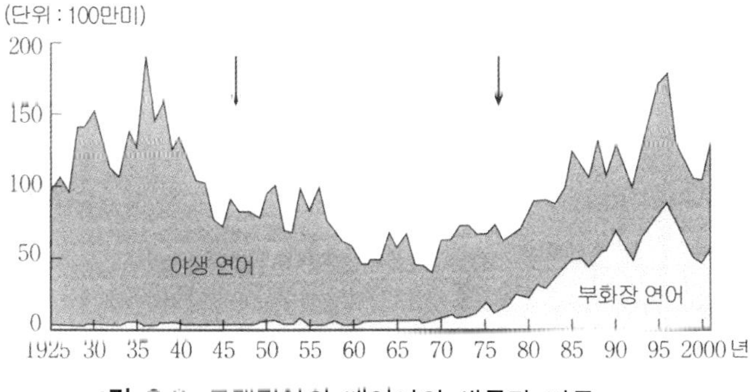

그림 2-3. 북태평양의 백연어의 생물량 변동
주) 화살표는 체제전환 (regime shift)
출전) 歸山, 2007.

다랑어도 변동한다

생태학에서 영양단계라는 말이 있다. 식물플랑크톤은 광합성을 하여 물과 이산화탄소로부터 탄수화물을 만든다, 즉 무기물로부터 유기물을 만들므로 생산자라 불린다. 그것을 먹는 동물플랑크톤을 1차 소비자, 다시 그것을 먹는 소형어류를 2차 소비자라 부른다. 이와같이 에너지나 영양이 아래단계에서 위단계로 이동하는데 이 각 단계를 영양단계라 한다. 동물을 먹는 2차 소비자로부터 위를 포식자라 한다. 그래서 그것이 먹을 것은 있으나 그것을 먹을 포식자가 없는 포식자의 그룹을 영양단계가 가장 높은 포식자라는 의미에서 최고위 포식자라 한다. 다랑어류는 최고위 포식자이다. 실제로는 이와 같이 규칙 바르게 단계별로 구분되는 것은 아니고 먹고 먹히는 관계는 복잡한 망목상(網目狀)으로 되어 있다.

다랑어류는 어느 것이나 다랑어속에 속하고 7개종이 있다. 참다랑어, 남방참다랑어, 날개다랑어, 눈다랑어, 황다랑어, 백다랑어, 대서양참다랑어이다. 상업적으로 중요한 것은 처음 5종이다. 참다랑어는 북태평양과 북대서양의 중위도수역 및 지중해에 분포한다. 남방참다랑어는 참다랑어와 유연관계가 대단히 가깝고 남반구의 중위도수역에 널리 분포한다. 날개다랑어는 남, 북반구의 중위도수역에 분포하고 참다랑어, 남방참다랑어와 유연관계가 가깝다. 이상 3종은 온대성 다랑어이다. 눈다랑어와 황다랑어는 양반구의 저위도수역에 분포하는 열대성다랑어이다. 북태평양에 대하여 말하면, 참다랑어와 날개다랑어는 쿠로시오와 북태평양해류에 분포하고 눈다랑어와 황다랑어는 적도에 연하여 흐르는 북적도해류에 주로 분포하고 있다.

참다랑어 및 남방참다랑어는 가장 대형의 고급다랑어이다. 다음으로 큰 것은 눈다랑어이고 황다랑어는 그 다음이고 날개다랑어는 가장 소형다랑어이다. 가격은 이 순으로 낮아진다.

일반적으로 생물은 영양단계가 높을수록 생물량의 변동이 적어진다고 한다. 이것은 환경변동의 영향으로부터 독립성이 높고 변동요인에 차지하는 밀도의존 요인의 비율이 높다는 것을 의미한다. 다랑어류는 최고위 포식자이므로 주로 밀도의존 요인에 의하여 변동한다고 보아, 제 5장에서 논하는 평형이론이 완전히 적용된다고 보았다. 그러나 그렇지 않았다.

다랑어류는 여러가지 어법으로 어획된다. 중요한 어법은 연승과 선망인데 그 외에 일본조와 예승어법이 있다. 연승어법은 큰 간승(main line)의 곳곳에 부표를 붙여 긴 거리를 수평으로 뻗혀 거기서 다수의 지승(branch line)을 해중에 내려 그 끝에 붙어있는 낚시(조구)에 꽁치나 오징어 등의 먹이를 붙여 물고기를 어획한다(그림 2-4).

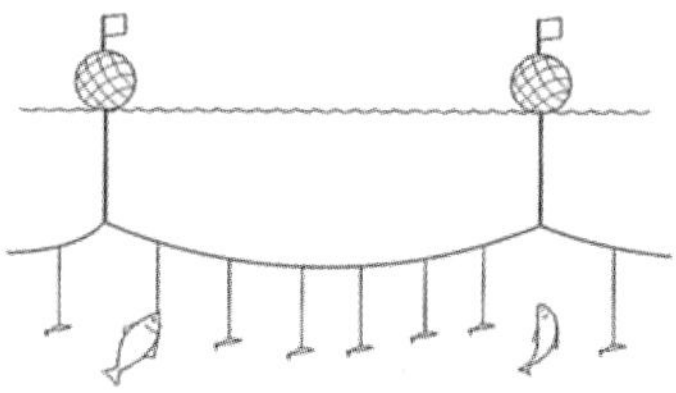

그림 2-4. 주낙(延繩) 어업

북서태평양(적도이북, 40°N 이남, 160°E이서)에서 행하여지는 일본의 소형연승어업에 의한 참다랑어, 날개다랑어, 눈다랑어, 황다랑어 4종의 CPUE(1항해당어획량)의 경년변동을 보면 4종이 같은 시기에 생물량에 체제전환(regime shift)이 생겼음을 알 수 있다. 여기서 주목되는 것은 온대성 다랑어인 참다랑어, 날개다랑어와 열대성 다랑어인 눈다랑어, 황다랑어와는 변동의 방향이 역이라는 것이다. 즉 다랑어군집의 전환(shift)이 일어나고 있다는 것이다. 같은 전환은 중앙태평양에서도 생기고 있고 1976년과 1998년에 가다랑어와 날개다랑어의 가입량 수준의 전환이 일어나고 있다.

저서생물(benthos) 생태계의 전환

미국정부 알라스카어업과학센터의 P. J. Anderson 과 J. F. Platt(1999)은 알라스카만의 저서생물(benthos)의 변화를 1970년대부터 97년에 걸쳐 조사하였다. 조사한 수역은 알라스카의 서에서 남서로 뻗은 알라스카반도의 남동측의 수심 200m이천의 대륙붕으로, 조사에 쓰인 것은 망목이 가는 트롤(trawl)망이다. 이 저서생물군집은 435의 분류군이 동성되어 있으나 채집물의 90%는 10개의 분류군에 속한다. 즉 3종의 새우(그 중에

2종은 Pandalus속), 2종의 대구류(명태와 대구), 3종의 이체류(넙치, 가자미류), 가라프트 바다빙어, 그리고 해파래 등이다. 27년간을 통하여 가장 많았던 분류군은 새우류, 대구류와 이체어류(異体魚類)이었다.

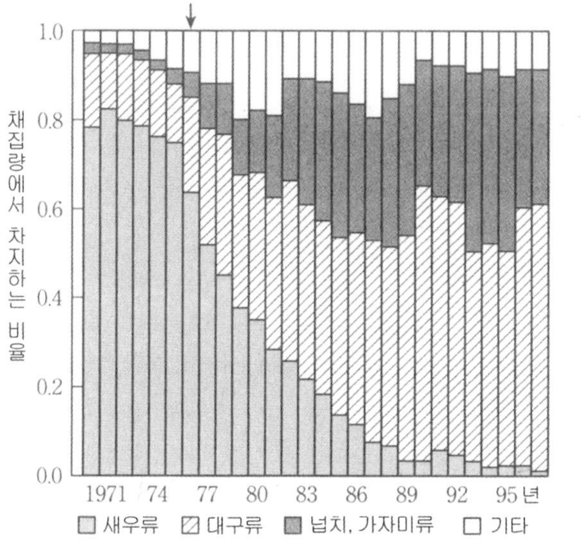

그림 2-5. 알라스카만의 저서생물(benthos) 생태계의 전환
주) 화살표는 체제전환(regime shift)
출전) Anderson and Platt, 1999

이들은 1976-77년을 경계로 하여 극적인 변화를 보이고 있다 (그림 2-5). 새우류가 급감하고 대구류와 이체류 즉 어류가 급증하고 있다. 변화하고 있는 것은 조성뿐 아니다. 저서생물(benthos) 집단의 생물량도 크게 변화하고 있다. 여기서는 트롤망을 1km 예인하여 얻은 채집량을 생물량의 지수(노력당어획량, CPUE)로 쓰고 있는데 1972~81년의 348kg부터 1982~90년에는 159kg으로 감소하였다. 그 후 1991~97년에는 증가하여 422kg으로 되어있다. 즉 1982 ~90년을 곡으로 하여 저서생물의 군집구조가 크게 전환한 것으로 되었다.

이 1982~90년에 증가한 종은 명태, 붉은 가자미, 참돔, 기름가자미, 해파리, 큰입 가자미(halibut), 불가사리, ゲンゲ, 오징어, 문어류 등이고

감소한 종은 Pandalus속의 새우 3종, 그 외의 새우 2종, 가라프트 바다빙어, 게 2종, 청어, 쥐노래미, 임연수어 등이다. 대구류, 가자미류의 어류가 증가, 새우류, 게류의 무척추동물이 격감하고 무척추동물로부터 어류로 저서생물사회의 구조가 완전히 교체한 것이다. Anderson과 Platt는 이와같은 변화에 어획이 어느 정도 영향을 미치고 있는지 모르나, 전체의 경향에는 거의 영향을 미치지 않을 것이라 기술하고, 이것은 1977년의 기후 체제전환(regime shift)에 계속되는 군집의 재편성이라고 기술하고 있다.

그래서 이와같은 저서생물군집의 대전환은 북동태평양의 알라스카만에서만 생기고 있었던 것은 아니었다. 이와같은 대 전환이 태평양을 건너뛰어 북서태평양에도 일어났다. 이바라기현(茨城縣) 수산시험장의 Nihira(二平 章)는 근해 저예망의 어획기록을 써서 조반(常磐)근해수역과 산리쿠(三陸)근해수역의 1976년부터 2003년에 걸친 생물량 (1망당 어획량)의 변동을 조사했다. 그 결과 1987~89년을 경계로 생물량이 크게 증가한 종과 감소한 종이 있음이 밝혀졌다. 조반(常磐)근해에서 증가한 종은 돌가자미, 참가자미, 갈가자미, 찰가자미, 황아귀, 감소한 종은 줄가자미, 기름가자미, 새우류 등 이었다. 산리쿠(三陸)근해에서 증가한 종은 황아귀, 찰가자미, 임연수어, 기름가자미, 감소한 종은 넙치, 참가자미, 줄가자미, 새우류 등 이었다.

알라스카만과 혼슈(本州)동방근해에서 1980년대 말에 생물량이 공통으로 증가한 것은 많은 이체어류이고 감소한 것은 새우류였다. 이것은 정어리가 급감한 시기와 일치한다. 이 시기에 해양환경에 체제전환이 생겼다고 하니 그것에 대해서는 제 4장에서 기술하기로 한다.

제 3 장

해양은 기후(氣候)를 기억한다

사진. 대형선망: 조업을 하고 그물을 올리는 광경

수온의 도약(Jump)

해양에서 체제전환(regime shift)은 1983년에 정어리 변동에서 발견된 것은 이미 기술하였으나, 수온의 급변과 그것이 잠시 지속하는 현상은 이 전부터 주목되고 있었다. 동북대학 이학부의 Kondo(近藤純正)교수는 1910년부터 1985년간의 북해도 浦河(襟裳岬)부터 八丈島 三根에 걸친 연안수온의 변화를 조사하였다. 그림 3-1에서 보는 바와 같이 미야기현(宮城縣)의 에노시마(江の島)와 후쿠시마현(福島縣)의 시오야사끼(塩屋埼)에는 1921~22년에 수온이 급하강하고 있다. 1934~35년은 특히 낮다. 그러나 1945~46년에 공통으로 수온이 급히 오르고 있다. 이것은 다른 관측점인 이와테현(岩手縣) 宮古蛸의 해변, 치바현(千葉縣) 야노사끼(野島埼)에도 같은 변화가 관찰되고 있다. 2차대전 후 1946~79년의 34년간의 수온평균치는 그 전의 23(1923~45)년의 평균치보다 1.38℃상승하였다. 장기간에 걸쳐 수온이 상승한 채로 상태가 지속되는 것을 도약(jump)현상이라 부르고 있다. 다시 浦河, 宮古, 에노시마(江の島)에 있

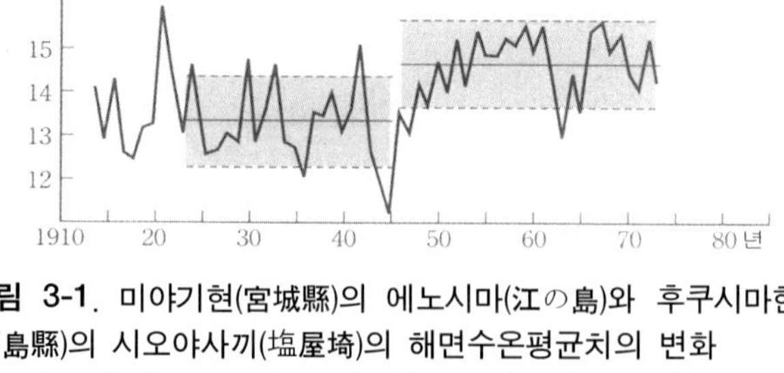

그림 3-1. 미야기현(宮城縣)의 에노시마(江の島)와 후쿠시마현(福島縣)의 시오야사끼(塩屋埼)의 해면수온평균치의 변화
주) 에노시마(江の島)의 그래프중의 ●은 아오모리현(青森縣) 동안부터 지바현(千葉 縣) 銚子에 걸쳐서 이른 봄에 어류의 집단사망이 보고된 연도
출전) 近藤, 1987

어서는 1980년부터 81년에 걸쳐 수온이 갑자기 하강하고 있다.

이와 같이 1923~1945에는 동북지방태평양연안의 수온이 특히 낮은 시대였는데, 동북지방 태평양측의 벼(稻)의 냉해로 인한 대흉작은 이것과 겹쳐지고 이 시기에 집중되어있다. 즉 1931, 34, 35, 41, 45년이 그러했다. 이것은 이상하게 일본의 15년 전쟁의 시기와 중첩된다. 이 시기는 기온도 낮은 시대였다.

이와같은 수온도약(jump)현상은 북해도~동북지방연안을 따라 흐르는 오야시오(Oyashio) 한류세력의 변동과 관계가 있다. 1980년대 전반은 오야시오가 크게 남하하고 있던 시기이었다. 이것은 浦河, 宮古, 에노지마(江の島)의 연안수온의 저하와 대응하고 있다. 오야시오는 1995년 이후는 크게 남하하는 일이 적어졌다

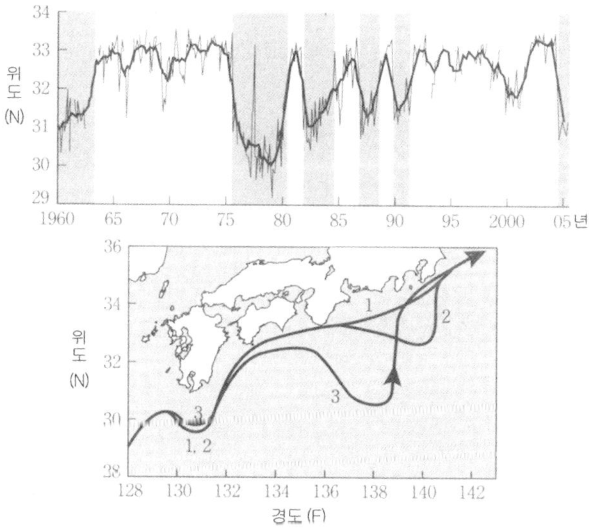

그림 3-2. 쿠로시오(Kuroshio, 黑潮)의 최남하 위도의 경년변화
상: 엔슈나다(遠州灘)남에서의 쿠로시오 유로의 위도,
가는 선은 일별의 값. 굵은 선은 월별 변동을 제거하여 평활하게 한 것. 어두운 부분은 쿠로시오 대사행(大蛇行)기간을 표시한다.
하: 쿠로시오유로 1과 2는 비대사행의 유로, 3은 대사행의 유로
출전) 일본기상청, 2005.

쿠로시오(Kuroshio)는 일본남안을 따라 동으로 흐르나 그 유로는 키이반도(紀伊半島)~이주반도(伊豆半島)의 남에서 크게 남으로 사행(蛇行)하는 「대사행형」과 시고쿠(四國)~혼슈(本州)남안을 따라 직진하는 「비대사행형」으로 나눠진다(그림 3-2). 쿠로시오의 유로는 크게 변동하고 있고 1976~81년에는 크게 남으로 치우쳤다. 이 1976-77년에는 체제전환(regime shift)이 생긴 해이다. 쿠로시오는 1991년까지는 사행경향에 있었으나 그 후 비대사행형으로 돌아와 10년이상 계속하였으나 2004년에 또 대사행형으로 되었다. 일본 동쪽지방의 연안에는 대사행형일 때에는 조위가 20cm높은 상태로 된다.

최근 동해에서의 큰 수온상승이 문제로 되어있다. 특히 중부에서 커서, 지난 100년간에 1.7℃ 상승하고 있다. 이 상승률은 같은 100년간의 북태평양의 상승률(0.46℃)의 3.7배로 일본근해에서 가장 크고, 일본의 기온 상승률(1.06℃/100년)보다 커져있다. 그 이유는 잘 알 수 없으나 유라시아대륙의 100년간의 기온의 상승이 약 2℃ 인 것으로 봐 그 영향이 아닌가 생각하고 있다. 동해중부에서는 1980년대 중반기부터 2000년대 중반에 걸쳐 급격한 수온상승을 볼 수 있고 20년간에 약1℃ 상승하여있다. 이와같은 변화에 따라 동해에서는 생태계의 큰 변화가 생기고 있으나 그것에 대해서는 제4장에서 논의하기로 한다. 이와같은 수온 등의 도약(jump)현상을 전에는 국지적이고 일시적인 현상으로 이해하고, 지구환경시스템의 대규모변동의 일환이라고 이해하지 못하였다.

바다라는 기억장치

현재 바다는 수 십년 주기의 변동을 하고 있다고 알고 있다. 이 장에서는 바다가 어떻게 하여 이와같은 장주기의 변동을 하는가에 대하여 기술하나, 그 전에 바다의 기본적인 성질에 대하여 설명해둔다.

해양은 대기에 비하여 질량(관성이라고도 불린다)이 차원이 다르게 커서 약 300배에 달한다. 관성(慣性)이라 하는 것은 운동이 지속되는 성질로서 질량이 클수록 크다. 이와같이 해수는 무겁고, 시작한 운동은 좀처럼 멈추지 않는다.

또 해양의 열용량(熱容量)은 대기의 1000배나 된다. 즉 지표열의 대부분은 바다에 저장되어있게 된다. 해양은 더워지기 힘들고 차와지기 어렵다. 이것을 열적 관싱이 크다한다. 즉 변화하기 어렵다는 것이다. 그래서 일단 변화하면 그것이 오래 지속한다. 바꿔 말하면 옛것을 기억하고 있다.

순수의 밀도(密度)는 표준적 공기의 밀도의 1000배 이상이다. 담수는 4℃에 밀도가 최대가 되나 염분을 포함한 해수는 4℃이하에서 최대가 되고 염분이 증가함에 따라 밀도최대시의 수온은 낮아진다. 이와같이 해수의 밀도는 수온과 염분에 의하여 결정된다. 겨울에 바다위의 기온이 낮아지면 바다의 표면부터 한랭해져 밀도가 커져 물은 침강한다. 또 물의 점도는 공기점도의 100배나 되고 성질이 다른 물은 섞이기 어렵다.

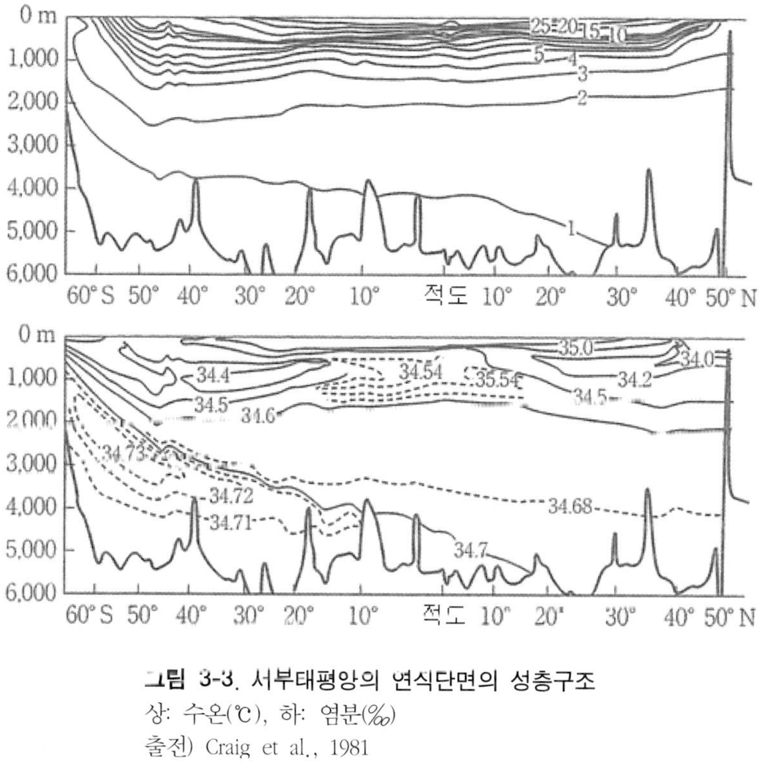

그림 3-3. 서부태평양의 연직단면의 성층구조
상: 수온(℃), 하: 염분(‰)
출전) Craig et al., 1981

이상과 같은 해수의 성질을 이해하고 나서 바다라는 것을 생각해보자. 해양의 큰 특징은 그 성층구조(成層構造)이다. 해양 성층구조의 예를 그림 3-3에 나타내었다. 이 그림은 서부태평양을 50°N부터 60°S까지 연직으로 자른 수온, 염분 단면이다. 이 그림을 보면 첫 인상은 수심 수 100m까지의 표층과 그 이심의 중층, 심층과의 차이이다. 해 표면에는 남, 북위 20°의 사이에는 25℃ 이상이나 고위도에는 4-5℃이다. 이 차이는 하층으로 가면 급히 해소되어 1000m이심이 되면 고위도와 저위도에 거의 차이가 없다. 이와 같이 해양은 거의 대부분(중. 심층)에는 한결같이 찬물이 존재하고 그 위에 위도에 따라 온도차가 현저한 난수가 얹혀있는 2층 구조로 되어있다.

이것은 보통 가벼운 표층과 무거운 중·심층은 섞이기 어렵고 수온뿐 아니라 염분이나 기타 여러 성분의 조성도 다르다. 왜 이와같이 되는 것일까. 바다는 태양으로부터의 방사에 의하여 표면으로부터 더워진다. 해면에 입사한 태양방사의 에너지는 표층 수 10m에서 거의 완전히 흡수되고 하층에는 전해지기 어렵다. 이렇게 하여 2층 구조가 형성된다.

동북대학 이학과의 하나와(花輪公雄)교수(2002)는 기억장치로서 해양의 특징적인 역할 2가지를 보였다. 하나는 동계 혼합층 수온의 재 출현 과정이다.

대기와 해양은 특히 동계에 활발하게 상호작용하고 있다. 동계는 기온이 낮고 수온과의 온도차가 크므로 북서태평양의 중위도 수역에서는 대량의 열을 대기로 방출하고 있다. 이와같이 바다는 표면으로부터 차가워지므로 표면의 밀도가 커져 상하방향(연직방향)의 혼합이 일어난다. 그 결과 표층에는 균일한 혼합층(混合層)이 발달하나 그 두께는 100m부터 장소에 따라 수백m에 달한다.

계절이 진행하여 여름이 되면 일사가 강해져 바다는 표면부터 가열된다. 그러므로 상하혼합은 극히 표층에 한정되어 수 10m의 얇은 혼합층이 형성된다. 그 결과 동계에 형성된 두꺼운 혼합층은 하계에 형성된 얇은 혼합층에 의하여 대기로부터 차단되어 아표층으로서 하계 혼합층의 아래에 보존된다. 가을이 되어 일사가 약해지고 바람이 강해져 표층수와 아표층수의 혼합이 진행되면 기억되고 있던 전년 동계의 상태가 다시 나타난다. 이와같은 「재출현기구」는 동계에 혼합층이 깊이 발달하는 수역에서 특히 현저하다.

또 하나는 아열대순환계에 있어서 가라앉아 들어가는 침하(subduction) 과정이다. 이것을 이해하도록 우선 해류에 대하여 설명하지 않으면 안 되겠다.

지구는 둥글기 때문에 단파장으로 입사하는 태양방사에너지(energy)의 양은 저위도에서 많고 고위도에서는 적다. 거기서 에너지를 저위도에서 고위도로 수송하는 해류나 대기의 운동이 생겨 에너지의 분포는 위도방향으로 상당히 평균화된다. 한편 지표에 들어간 에너지는 장파장의 방사로 지구로부터 밖으로 나간다. 이것이 그림 3-4에 표시되었다. 들어가는 에너지와 나가는 에너지와의 차가 해류와 바람에 의하여 운반되는 에너지이다. 또 하나 운반되는 것은 물이다. 지구상에서 강수량은 저위도지대에서는 고위도지대보다 크다. 이것이 해류나 대기에 의하여 저위도로부터 고위도로 운반되어 평균화된다.

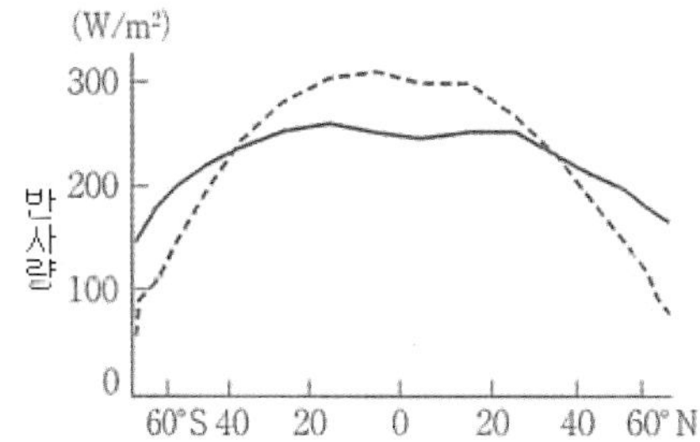

그림 3-4. 태양으로부터 지구에 입사하는 에너지(파선)와 밖으로 나가는 방사에너지(실선)의 위도분포

출전) Haar and Suomi, 1970

그러나 위도방향으로의 열수송의 상태는 태평양과 대서양에서 다르고 또 태평양에서도 서부와 동부에서는 대단히 다르다. 이것은 육지와 바다 분포의 영향, 지구자전의 영향, 수증기, 물, 얼음간의 상변화의 영향 등이 있기 때문이다.

해수는 열과 염분을 운반하면서 지구상을 순환하고 있는데 그 방법에는 수평순환과 연직순환의 두 가지가 있다. 우선 여기서는 수평순환=해류에 대하여 설명한다.

적도수역을 포함하여 북태평양에는 세 개의 순환계가 있다. 이 책의 앞머리에 나타낸 세계 해양순환의 그림을 참조하기 바란다. 남에서 북으로 열대순환계, 아열대순환계, 아한대순환계가 있다. 열대순환계에는 서로 흐르는 북적도해류와 남적도해류사이를 적도반류가 흐르고 있다. 아열대순환계에는 북적도해류로부터 연장되는 쿠로시오(黑潮, Kuroshio)부터 쿠로시오속류→북태평양해류→캘리포니아해류(California Current)→북적도해류와 시계방향으로 순환하여 닫힌다. 아한대순환계는 북태평양해류→알라스카 해류(Alaska Current)→오야시오(親潮, Oyashio)→쿠로시오속류(黑潮續流, Kuroshio Extension)와 반시계방향으로 흐른다.

아열대순환계의 북부에는 증발이 왕성하여 밀도가 높은 해수가 만들어진다. 이 해수가 침강하여 수심 100m부터 수백m의 층을 아한대순환계의 내부에서 이동한다. 즉 어느 장소에서의 「기억」이 다른 장소로 운반되어 보존되는 것이다.

모드수(Mode water)－기후를 운반하는 컨테이너

지금까지 기술한 것을 구체적으로 보자. 쿠로시오와 그 연장으로서의 쿠로시오속류의 바로 남측 수역에는 시베리아대륙에서 형성되는 고기압으로부터의 한랭한 북서계절풍에 의하여 대기보다 온도가 높은 해면이 냉각되어 해면으로부터 대량의 열이 대기로 방출된다. 해면부근의 해수는 냉각되어 무거워져 연직혼합에 의하여 상부혼합층(Upper Mixed Layer)이 두꺼워진다.

초여름이 되면 해면상의 기온이 높아져 해면수온이 상승해진다. 그 결과 동계에 형성된 혼합층을 따뜻한 표층수가 덮게 되어 겨울의 수괴가 보존되게 된다. 이 수괴를 아열대 모드수(Subtropical mode water)라 부른다. 모드(mode)라는 것은 최빈치(最頻値), 가장 잘 나오는 수치라는 것이다. 모드수의 형성과정의 모식도를 그림 3-5에 나타낸다. 앞에서 기술한 바와 같이 해양의 열용량은 대기의 1000배 이상이고 아열대 모드수는 동계의 대기변동의 신호(signal)를 해양내부에서 장기간 보존하는 기억장치라 말할 수 있다.

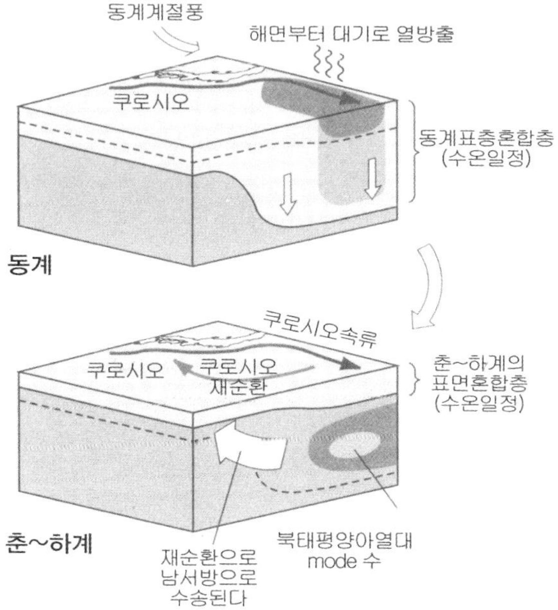

그림 3-5. 북태평양 아열대 모드수의 형성과정
출전) 일본 기상청 홈페이지

쿠로시오~쿠로시오속류는 서에서 동으로 흐르고 있으나 그 남측에 서로 향하는 흐름이 있어 동서로 길게 뻗은 시계방향의 재순환을 형성하고 그 중에 아열대 모드수가 형성된다. 모드수의 범위는 28°N이북, 135°E이동에서 일부 변경선 부근까지 달한다. 이 재순환 중에는 몇 개의 반시계방향의 작은 순환이 존재한다. 두꺼운 아열대 모드수의 웅덩이(pool)로부터 이 순환에 실려 일부가 조금씩 남으로 확산하여 남서로 흐르는 표층하의 흐름에 의하여 20°N까지 운반되어 아열대순환의 북서부의 전체에 확산된다.

아열대 모드수의 수량과 성질은 동계의 계절풍 강도에 의하여 결정되고 북해도의 네무로(根室)와 시베리아의 Irkutsk의 해면기압 차에 비례한다. 이와 같이 아열대 모드(mode)수는 대기의 상태를 수온편차의 형으로 매년 바다의 중층으로 운반하여 그 후 몇 년에 걸쳐서도 겨울이 되면 형성수역이나 멀리 떨어진 수역에서 해면에 출현하여 거기서 수온에 영향을 주고 그것이 대기에 전해진다. 이와 같이 바다와 대기는 항시 상호작용하고 있어, 아열대 모드수의 연구가 기후의 장기변동의 연구에 미치는 영향은 크다.

해양순환과 해양변질을 자세히 조사하여 기후변동의 예측을 목표로 국제협력 하에서 두개의 사업이 근년 수행되고 있다. 여기에는 미국, 영국, 독일, 일본 등 30개국 이상이 참가하고 있다. 그중에 하나는 세계해양순환실험(WOCE. World Ocean Circulation Experiment)이라 불리는 사업으로 다수의 선박이나 인공위성을 이용하여 세계의 바다를 관측하는 것이며 1990년에 시작되었다. 그 후 2000년이 되어 또 하나의 국제사업 이 시작되었다. 그것은 ARGO계획이라는 것인데 기후변동의 시간규모로 말하면 WOCE가 어느 순간의 해양을 되도록 정확하게 파악 할 것을 목적으로 하고 있는데 대하여, ARGO계획은 해양을 장기에 걸쳐 단속적으로 관찰하려는 것이다.

ARGO계획의 주역은 길이 2m의 자동관측 장치인데 알고부표(ARGO float)라 불린다. Float는 부표(浮標)라는 뜻이며 수심 2000m되는 곳을 표류하여 10일동안 수온, 염분을 관측하며 표류하여 그 연직자료를 인공위성을 경유하여 지상으로 송신한다. 약 3000대의 부표에 의하여 세계의 해양 전체를 담당한다. 이것에 의하여 아열대 모드수의 연구가 크게 진전되었다. 예를 들면 쿠로시오-쿠로시오속류의 아열대 모드수가 175°E까지 달하는 것을 알았다. 또 일본남동수역의 수온편차가 쿠로시오속류에 의하여 운반되어 일부 변경선의 동측의 30°N 주변에 1년 늦어 전해지는 것을 알았다.

모드수는 수온과 염분, 따라서 밀도가 수평, 연직방향으로 똑같은 수괴이다. 그 규모는 수평방향으로 1000km, 두께 수 100m이다. 북태평양에서 3 모드수가 확인되었다. 서에서 동으로 순차로 아열대모드수, 중앙모드수, 동부아열대모드수이다. 아열대모드수의 수온은 16~18℃, 중앙모드수는 9~12℃, 동부아열대 모드수는 16~22℃이다. 대서양에도 모드수의 존재가 확인되었다.

일본기상청은 1972년부터 매년 여름에 137°E선(伊勢灣의 정남)에서 적도에 달하는 관측을 행하고 있어 해양의 장기변동의 기록이 축적되고 있다. 아열대 모드수의 중핵부(core)수온은 전(前)의 동계 시베리아고기압부터 불어온 계절풍에 의한 냉각의 강도를 보존하고 있다. 수온은 1970년대 후반부터 상승하고 1990년대 말부터 하강하고 있다. 이 두 시기는 지금부터 기술하는 바와 같이 태평양규모의 체제전환(regime shift)이 일어난 시기이다.

수 십년 규모의 변동

1980년대 중반이후 수 십년 규모의 대기-해양변동을 알게 되었다. 북태평양에서 연구의 선구는 기상청의 시라기하라(柏原辰吉)의 「북태평양을 중심으로 한 최근 동계의 냉화에 대하여」라는 제목의 논문에 완성되어있다. 시라기하라(柏原)는 동계의 알류샨저기압(AL)이 1970년대 이후 발달하는 경향이 있음을 지적하였다.

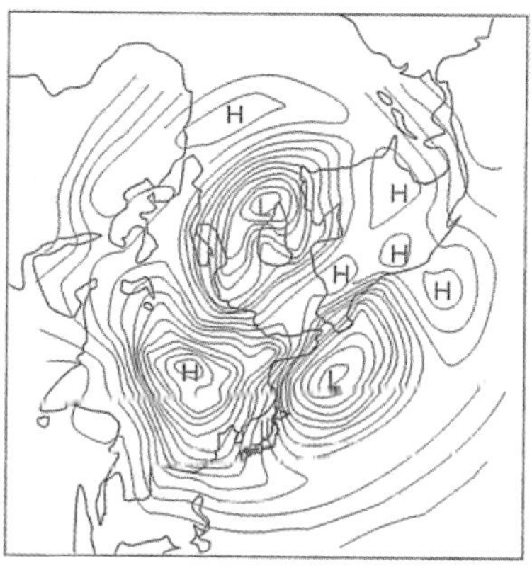

그림 3-6. 북반구의 1월의 해면기압분포
출전) 일본 기상청, 1994

그림 3-6 1월 북반구 해면기압분포(헥토파스칼, hPa-100pascal;- 1 미리바)의 정상적인 형태를 보인다. 알류샨열도를 중심으로 한 AL(우측 하 L), 그 서방의 시베리아에 있는 시베리아고기압(좌측 하 H), 북대서양북

부의 아이슬란드 저기압(IL, 중앙의 L), 그 남쪽에 있는 포르투갈서방의 대서양상 아조레스(Azores)제도를 중심으로 한 아조레스 고기압(중앙상의 H)이 표시되었다. 이 4개가 북반구의 동계의 대기대순환(大氣大循環)의 주요 작용중심이다. AL 는 IL 와 함께 북반구의 아한대 저기압대를 형성한다. AL의 동계의 중심위치는 50°N, 170°E 부근으로 기압은 1000hPa이하가 되나 하계에는 북상하여 거의 소멸한다.

시라기하라(柏原)는 또 이 기간의 열대태평양 적도수역의 해면수온은 이 전에 비하여 고온이 되어있음도 지적하였다. 이 논문은 일본기상학회의 화문기관지(和文機關誌) 「天氣」에 발표된 것이나 이것이 계기가 되어 북태평양의 수 십년 규모의 기후변화 연구가 개화되었다. 이어 닛다(新田勍), 야마다(山田眞悟)의 논문「열대 해면수온의 최근 상승 및 그것과 북반구순환과의 관계」이 1989년에 발표되었다. 거기에는 1970년대 중반이후 열대수역의 해면수온 상승과 대류활동이 활발하게 일어나고 있다는 것과 북태평양상공의 500hPa 기압면의 높이가 현저하게 하강하여 AL가 발달하고 있다는 것이 지적되었다. 특히 중요한 것은 1940년대 후반에 PDO지수(제4장)가 정(+)에서 부(-)로 변화하고 1976-77년에 부(-)에서 정(+)으로 변화한다는 것이다. 이 두 시기는 지금부터 기술하는 바와 같이 중요한 체제전환(regime shift)이 일어난 시기이다. 이 논문은 일본기상학회의 영문지에 게재된 해양의 수 십년 규모 변동을 논한 최초의 본격적인 논문이었다. 이어서 1990년에 미국의 K. E. Trenberth가 이와같은 주제를 취급하여「최근에 관측된 북반구에서의 수 십년 규모 기후변동」을 발표하였다. 세계 연구자들이 이 시간규모의 기후체제전환(climate regime shift)에 주목하게 되었다.

동북대학 이학연구과의 야수나까(安中さやか) 및 하나와(花輪公雄)는 해양에 있어서의 체제전환을「전구해양의 넓은 범위에서 시기를 같이하여 일어난 유의한 해면수온 변화」라 정의하여, 20세기 3개의 전구 1~3월기의 역사적 수온 자료세트(data set)에 대하여 행한「다중변화점 분석」의 결과를 2007년에 보고하였다. 이 분석은 시계열상의 급격한 변화를 검출하는 방법이다. 그 결과 3자료세트의 대부분에서 전환(shift)이

검출된 것은 1925-26, 1942-43, 1957-58, 1970-71, 1976-77년의 5회였다. 여기에도 1976-77년이 나온다.

한편 1988-89년에도 북반구에서 급격한 변화가 있었음이 보고되고 있다. 그러나 열대수역이나 남반구에는 변화의 신호(signal)는 곧 소멸하고 지속성이 보인 것은 북반구의 1~3월동안 뿐이고 전 지구적인 것은 아니었다. 그림 3-7은 북태평양지수(NPI, North Pacific Index)의 1600년으로 거슬러 올라가는 복원도이다. NPI란 30°~65°N, 160°E~140°W로 둘러싸인 수역에서 면적가중치를 평균한 동계(12~5월)의 해면기압의 편차로 AL 강도의 지표이다. 측기에 의한 해면기압의 관측은 과거 100년 정도 밖에 소급되지 않으므로 그 이전에 대해서는 북미 태평양연안 수목의 연륜기록이 있다. 연륜의 폭은 기후가 온난할 때에는 넓고 한냉할 때는 좁다. 여기서 관측기간에 대하여 관측치와 연륜폭과의 관계를 구하면 연륜의 기록밖에 없는 기간에 대하여 NPI를 복원할 수 있다.

그림 3-7로부터 AL가 예부터 수 십년 규모로 변동을 해왔음을 알 수 있다. 근년에는 1891~1922년의 약한 시기, 1922~47년의 강한 시기, 1947~76년의 약한 시기, 1976년 이후의 강한 시기가 확실하게 구별되고 다음 장에서 기술하는 태평양 규모의 시스템의 변동과 대응하고 있다.

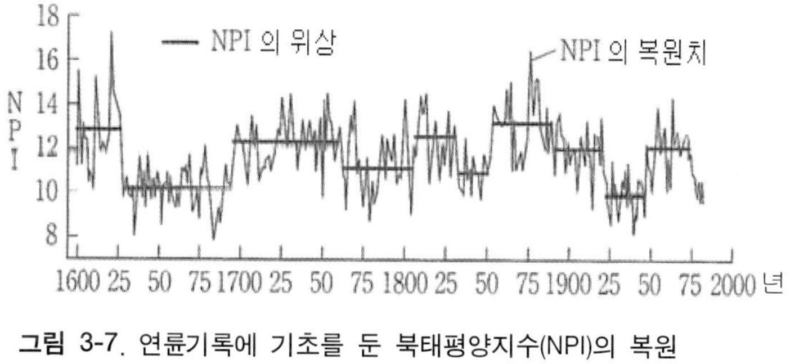

그림 3-7. 연륜기록에 기초를 둔 북태평양지수(NPI)의 복원
주) 횡선은 NPI의 위상변화를 보인다.
출전) D'Arrigo et al, 2005

제 4 장

지구는 하나의 시스템

사진. 대형선망: 정어리를 운반선의 어창에 넣는 광경.

동해 생태계의 전환

제 3장에서 최근 동해에 있어서 이상 고수온 현상을 기술하였는데 그것에 대응하여 생태계의 대전환이 일어나고 있다(그림 4-1). 정어리, 멸치, 고등어류, 전갱이로부터 구성되는 소형부어류 군집에 대하여 보면, 1976-77년~1997-98년의 한랭한 체제(regime)는 정어리의 세계, 그 전후의 온난한 체제는 기타 부어류의 세계로, 질적으로나 양적으로도 완전히 별개의 세계이다(실제 1988-89년부터 온난화). 다음으로 회유성 어식성의 대형난수어인 다랑어류, 가다랑어, 방어, 삼치와 냉수어인 대구류에 대하여 1968~2004년의 변화를 살펴보자.

1960년대 말에는 회유성 대형 난수어의 세계는 방어가 주체로 거기에 다소의 다랑어류(참다랑어, 눈다랑어, 황다랑어)와 삼치가 더해진 정도로 어종구성은 단순하였다. 1980년에 큰 전환이 일어났다. 가다랑어가 증가하였다. 1990년경에 다음 전환이 일어났다. 방어, 가다랑어, 다랑어류가 모두 증가하여 3자가 같은 수준으로 되고 다시 90년대 말부터 삼치가 증가하였다. 전체의 생물량(biomass)이 증가함과 동시에 군집이 다양화하였다.

다랑어류의 종 조성도 크게 변화하고 있다. 1981년까지는 눈다랑어가 우점종으로 참다랑어, 황다랑어가 뒤를 이었다. 1982년부터는 황다랑어가 크게 증가하여 우점종이 되고 참다랑어가 크게 감소하여 최하위가 되었다. 그래서 1992년에는 큰 전환이 생겼다. 참다랑어가 현저하게 증가하여

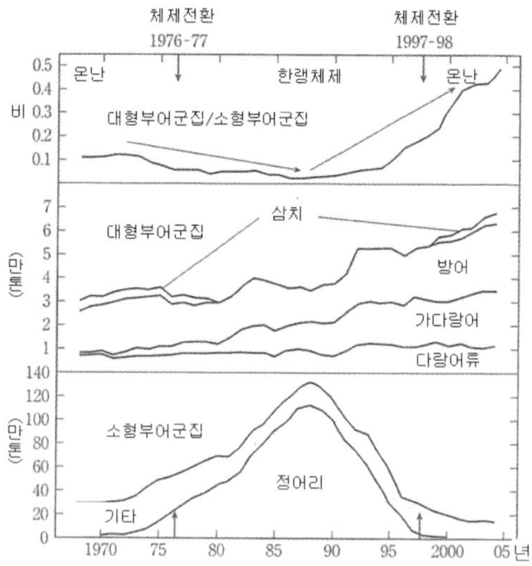

그림 4-1. 동해에 있어서 난수성 부어군집 구조의 전환

2004년에는 우점종이 되고 눈다랑어가 감소하여 최하위가 되었다. 마치 다랑어 사회의 큰 변화이다. 1992년 이후의 강한 온난화와 병행하여 증가한 것은 열대성 다랑어의 눈다랑어와 날개다랑어가 아니고 온대성(溫帶性) 다랑어인 참다랑어이었다. 참다랑어에는 쾌적한 수온으로 되었기 때문인지 모른다.

대구류에 대하여 보면 다랑어류와 같은 시기에 크게 변화가 생기고 있다. 그중에서 1980년의 전환은 크고 어획량의 수준은 평균 34톤부터 12톤으로 1/3가까운 격감이다. 다음 전환은 1990년으로 평균 6톤으로 저하하였다. 1979년 이전 수준의 1/6이다. 종조성의 변화도 커서 명태가 우점하는 세계로부터 대구가 우점하는 세계로 되었다. 대구는 명태보다 냉수를 선택하고 온난화로는 이 변화를 설명하기 어렵다.

그림 4-1의 상도에 대형부어군집/소형부어군집의 비를 보이고 있는데 물결치는 것 같은 전환이 보인다. 이 비는 1970년대의 높은 상태로부터 80년대~90년대 중반의 낮은 상태로 그래서 그 후의 대단히 높은 상태로 이행하고 있다.

최근의 동해에 있어서 고온화가 크나 어류 생물량의 변동은 가장 크고 어류의 사회로부터 보면 완전히 별개의 바다가 되어버렸다. 환경변동이 증폭되어 생물에 영향이 나타나는 문제에 대해서는 다음에 기술하기로 한다.

〈옮긴이의 의견〉 대구 및 명태와 같은 전형적인 Taraba Community의 자원변동을 해양 기후변동에 관련시키는 데는 더 많은 조사가 필요한 것 같다.

El Niño와 남동태평양 멸치(anchoveta)

「엘니뇨(El Niño)」라는 말은 이제는 귀에 새로운 말이 아니다. 이것은 남미의 열대대평양연안에서 수년(평균하여 4년)마다 수온이 상승하는 현상을 말한다. 엘니뇨는 스페인 말로 El은 남성 정관사, Niño 는 남자 아이라는 뜻이다. 영어로는 The Child이고 「신의 아들」 즉 「유아 Christ」라는 뜻이다. 왜 이렇게 부르느냐하면 엘니뇨가 일어나는 것은 크리스마스 무렵이 많기 때문이라 한다. La Niňa는 어린이의 여성 명사로 여자 아이라는 뜻이다. 그러므로 엘니뇨의 역의 상태에 쓰인다. 「남미대륙연안에서 북류하는 찬 용승류(후기술), 훔볼트(Humboldt)해류를 따뜻한 해수가 덮으면 하층으로부터 영양분이 높은 한랭한 해수의 상승이 억제되어 1차생산력이 저하된다. 그 결과 이 수역에 대량으로 분포하는 멸치(anchoveta)의 생물량(biomass)이 감소하여 어획량이 저하한다」라 하는 설이 항간에 퍼져있다. 이 설은 반분은 맞으나 반분은 맞지 않는다. 그것은 그림 4-2를 보면 잘 알 수 있다.

그림 4-2는 1960~2005년의 멸치어획량의 변동이다. 가는 선은 연도별 어획량이고 큰 선은 연도별 변동을 평활화한 5년 이동 평균치이다. 가는 선의 변동은 짧은 간격을 두고 반복되는 형태이고 큰 선의 변동은 매끄러운 꼴로 생물량의 수 십년 변동, 즉 체제전환(regime shift)을 나타낸다. 그렇게 하여 가는 선의 짧은 기간의 변동은 El Niňo, La Niňa를 반영하고 있다고 생각된다.

El Niňo의 정의에는 여러 가지가 있으나, 저자는 멸치의 생산에 가장 영향을 미치는 남미대륙에 접해있는 10°S~적도, 80~90°W의 수역(그림 4-5)에서 해면수온의 편차가 연속 6개월 이상 정(+)의 기간이 있다는 것으로 하였다. 1960년 이후 강한 El Niňo는 5회 있다. 즉 1972-73, 1982-83, 1991-92, 1997-98, 2000년이다. 그 중에서 1997-98년의 El Niňo는 20세기에 가장 강한 것이다.

가는 선과 큰 선의 차, 즉 5년 이동평균 어획량으로부터의 연별 어획량의 편차는 정(+)이 La Niňa, 부(-)가 El Niňo의 강도를 반영하고 있다. 1972-73, 1983-85, 1990-91, 1998, 2003년에는 어획량의 편차가 부(-)로 크게 떨어지고 있다. 특히 1998년에는 크게 떨어져 최강의 El Niňo를 반영하고 있다. 이와 같이 멸치의 생물량의 변동은 큰 지구환경시스템의 수 십년 변동과 소각변동(小刻變動, 짧은 간격을 두고 반복하는 변동)을 하는 El Niňo 변동과의 합성물이다. 그 의미에서 생물량(biomass)의 변동이 「기본적으로 El Niňo에 의하여 영향을 받는다」라 하는 것은 정확한 것이 아니고 오히려 주요한 것은 지구환경시스템의 변동의 부분에 의한다고 볼 일이다.

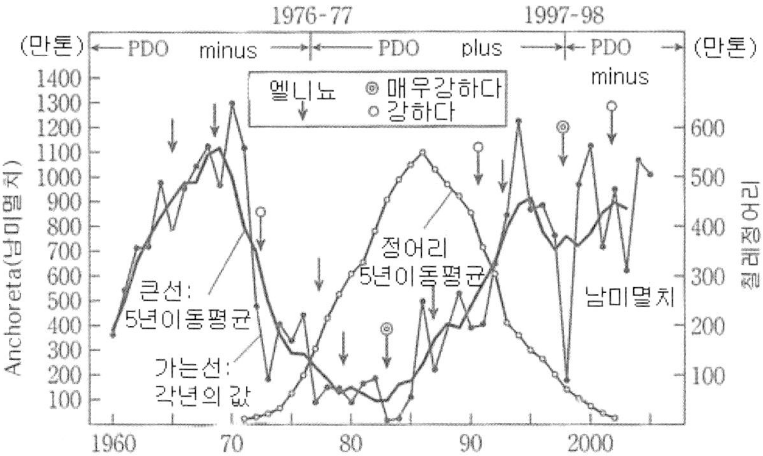

그림 4-2. 남미멸치(anchoveta) 및 칠레정어리(sardine) 어획량의 변동과 체제전환 (regime shift) 및 엘니뇨(El Niňo)와의 관계

그림 4-2에는 체제전환(regime shift)의 지표인 PDO(후기술)가 정(+)의 기간 및 부(-)의 기간과 칠레정어리 어획량의 변동을 나타내고 있다. PDO가 부(-)의 시기에 멸치가 번영하고 정(+)의 시기에 정어리가 번영하고 있다. 이와같이 동부 열대태평양에 있어서는 체제전환, El Niňo 및 해양생태계의 변동이 하나의 시스템으로 되어 진행되고 있다.

여기서 El Niňo발생의 메커니즘(mechanism)에 대하여 생각해보자. 지구표면에 달한 태양의 방사에너지는 저위도(적도역)에서 많고 위도가 높아짐에 따라 적어진다. 적도역에서 데워져 가벼워진 공기는 상승하여 고위도를 향하여 흘러 20°~30°부근에서 하강한다. 지표면에서는 이것을 보충하기 위하여 고위도 측의 차가운 공기가 적도를 향하여 흘러 하나의 순환을 형성한다. 이 대기의 남북순환을 하드리(Hardly)순환이라 한다. 적도를 향하는 대기의 흐름은 뒤에서 설명하는 바와 같은 지구사선의 영향을 받아 서로 향하는 바람이 된다.

인공위성으로 측정된 해면으로부터의 장파 방사량은 이것도 뒤에 설명하나, 서측일수록 수온이 높기 때문에 서측에서 많다. 따라서 서부열대태평양에서 대류활동이 활발하여 왕성하게 적란운이 발생하여 바다로부터의 열을 대기로 운반하고 데워진 대기가 상승한다. 상승한 대기는 적도상공을 동으로 향하여 동부에서 하강한다. 이 대기가 서측의 상승역을 향하여 흘러 대규모의 순환을 형성한다. 이 동서 순환을 Walker순환이라 한다. Hardly 순환이나 Walker 순환도 이 순환을 알게 된 사람의 이름이다. Hardly순환과 Walker순환에 의한 태평양 적도수역의 대기 흐름을 모식적으로 그림 4-3에 나타내었다.

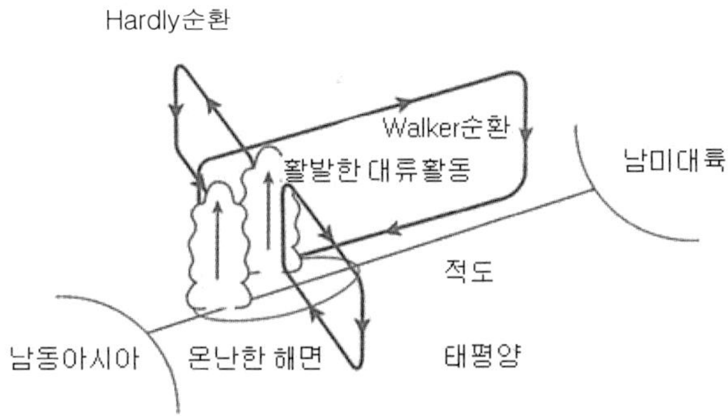

그림 4-3. 태평양열대수역의 대기의 흐름을 보이는 모식도
출전) 長谷 川, 2001

이렇게 되어 남반구의 저위도대에서는 항시 동측의 기압이 높아 동에서 서를 향하여 바람이 불고 있다. 이것을 남동무역풍이라 부르는데 이 바람은 남미대륙연안에서 해수를 북으로 수송하는 훔볼트(Humboldt) 해류를 일으킨다. 지구상을 대기나 해류와 같은 유체가 움직이면 지구가 자전하고 있기 때문에 북반구에서는 진행방향에 오른편으로 남반구에서는 왼편으로 직각으로 힘이 작용하는데 이것을 지구자전의 편향력(코리올리의 효과, Coriolis force)이라 한다. 남미대륙의 서측에서 적도를 향하여 바람이 불면 이 코리올리의 효과에 의하여 표면의 해수가 서쪽으로 밀려나와 그 뒤에 하층으로부터 한랭하고 영양염이 풍부한 해수가 솟아오른다. 이것을 용승류(upwelling)라 한다. 따라서 동측에는 항시 서측보다 수온이 낮다. 펭귄(penguin)이나 해수류(海獸類)는 보통 한랭한 고위도역에 서식하고 있다. 그러나 동태평양의 저위도 지역에서는 적도 직하의 갈라파고스(Galapagos)제도에 갈라파고스 펭귄이 서식하고 있다. 캘리포니아의 해안에는 바다표범이 서식하고 있다.

그림 4-4에서 보이는 바와 같이 남동무역풍에 의하여 서방으로 밀린 해수는 적도수역서부의 표층으로 밀려가 소위 더운물웅덩이(warm pool)가 형성되어 해면의 높이는 적도태평양의 동측보다 50~60cm 높게 된다. 이 바람이 약해지면 미는 힘이 풀려 더운물웅덩이가 동으로 이동하고 더운물이 흘러나와 저온의 훔볼트(Humboldt) 해류를 덮어 동부적도수역의 수온이 높아진다. 이것이 엘니뇨(El Niňo)이다. 이와 반대로 남동무역풍이 강하고 더운물웅덩이가 보통보다 서방으로 더 밀려가 동부적도수역에서 용승이 활발해지면 해면수온이 낮아진다. 이것이 라니냐(La Niňa)이다. 그림 4-4는 이 과정을 옆에서 본 것이다.

더운물웅덩이는 내기로의 열 공급원이고 동시에 어류의 요람이기도하다. 여기에는 대량의 가다랑어(skipjack)어군이 집결하여 큰 어장을 형성한다. 더운물웅덩이가 동서로 움직이면 가다랑어 어장도 같이 움직이게 된다.

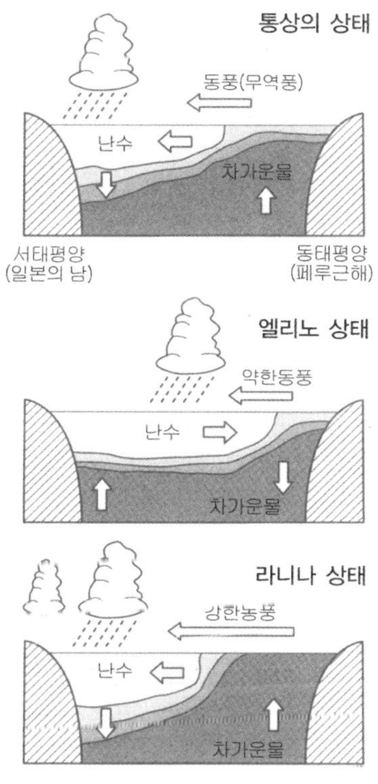

그림 4-4. 보통시, El Niňo현상시, La Niňa현상시의 적도의 해양, 대기의 단면.
출전) 長谷川, 2001

지구환경시스템의 뛰어난 조화

El Niño, La Niňa의 발생상황을 보기위하여 일본기상청은 적도태평양에 A, B, C, D의 4개의 수역을 지정하였다(그림 4-5). B수역을 El Niño 감시수역이라 한다. 그래서 이 감시해역의 해면수온 편차의 5개월 이동평균이 6개월이상 계속하여 +0.5℃ 이상인 경우를 El Niño, 그리고 -0.5℃ 이하의 경우를 La Niňa라 한다. 그림 4-5는 D, B수역에 있어서의 해면수온편차의 변동을 나타내고 있다. 그리고 상기의 정의에 의한 El Niño와 La Niňa의 출현상황을 나타낸다.

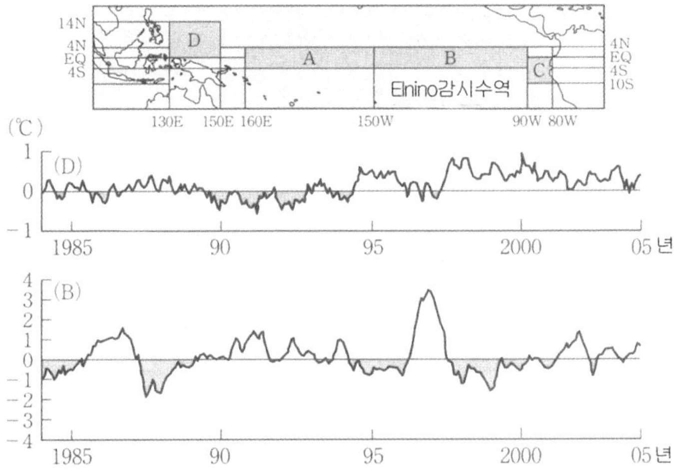

그림 4-5. 열대태평양에서의 수역구분과 D수역, B수역에 있어서의 수온편차의 변동
출전) 일본기상청 홈페이지

D수역은 가장 서쪽이라 더운물웅덩이가 형성되는 수역이다. D수역의 수온편차의 변동은 B수역과 역으로 되었다. 이것은 축적된 난수가 B수역으로 유출하거나 B수역으로부터 돌아오는 것 등을 나타낸다. 그리고 B수역에서 1997년의 수온상승은 특히 크고 20세기 최대의 El Niño가 발생하였음을 나타낸다.

El Niño와 La Niña 현상은 Walker순환과 해양의 동서변동이 상호 작용하여 만들어 내는 과정이나, 이 전환에 기압의 동서변화인 SO (Southern Oscillation, 남방진동)가 대응하고 있다. 남태평양의 저위도대의 동부에 있는 타이티(Taiti)섬과 서부에 있는 오스트레일리아의 다윈(Darwin)의 기압은 역방향으로 변동한다. 이 변동은 남동무역풍의 강도의 변동과 대응하고 있고 2개소의 기압차가 SO의 지수 SOI이다. 이 대기와 해양의 상호작용에 의한 기압변동을 El Niño(EN)와 SO을 결부시켜 ENSO라 한다.

이상과 같이 열대태평양에서 생기고 있는 것은 대기(Walker 순환)와 해양(난수 pool의 이동)과 해양생태계(페루 멸치 생물량의 변동과 칠레 정어리와의 어종교대)가 작용하면서 만들어 내는 지구환경시스템의 소위 교향악이며 지구환경이 하나의 시스템이라는 것을 명확하게 보이고 있다.

태평양의 수 십년 규모의 변동

SO는 열대태평양에서 탁월한 짧은 수년 규모의 변동이나 미국 시애틀(Seattle)에 있는 워싱턴(Washington) 대학의 대학원생 S. R. 헤어는 알라스카의 연어의 생물량(biomass)의 변동 주기와 태평양의 기후변동의 관계를 연구하여 1996년에 수 십년 규모의 변동을 발견하였다. 정어

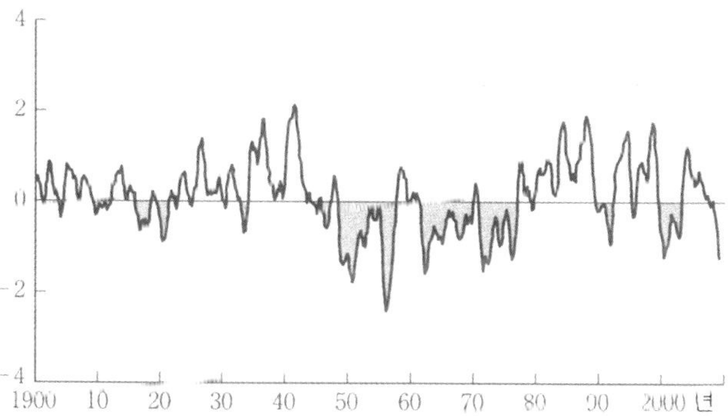

그림 4-6. PDO지수의 변동
출전) Mantua 홈페이지

리와 같이 이 경우에도 어류변동의 연구가 환경변동의 연구에 선행하고 있다. 이 변동은 SO에 의한 열대수역의 짧은 주기변동을 제거하기 위하여 북위 20°N 이북의 북태평양 수온변동의 진폭을 써서 발견한 것으로 PDO (Pacific Decadal Oscillation)라 불린다. PDO는 태평양의 수 십년 규모의 기후변동을 표시하는 표준적인 지수로 되어있다. 그림 4-6은 1900~2008년의 PDO지수의 시계열이다. 여기에 보이는 바와 같이 PDO 지수가 정(+)의 온난한 시기와 부(-)의 한랭한 시기가 되풀이되고 있다. 온난한 시기를 온난상(溫暖相), 한랭한 시기를 저온상(低溫相)이라 부르는데 그림 4-7에서 보이는 바와 같이 이 두 상에는 태평양의 온난한 수역과 한랭한 수역의 분포가 동서로 역으로 되어있다. 온난상은 positive 상이라고도 하는데 동부태평양의 온난역(쐐기역,楔域)이 서측의 남북태평양의 저온역(말굽역,蹄鉄域)의 한 가운데로 들어박힌 꼴을 보인다. 저온상은 negative상이라고도하며 그 역이다.

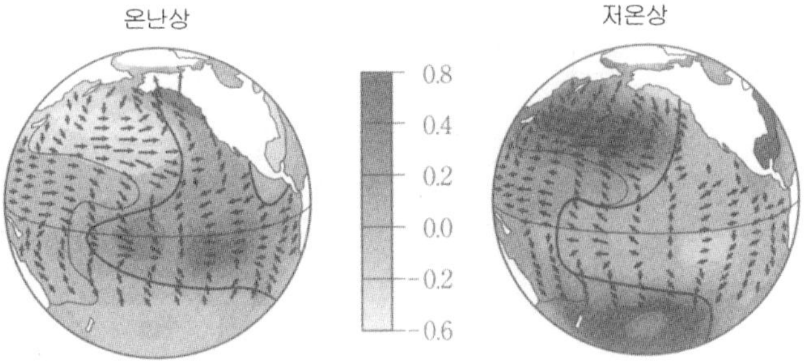

그림 4-7. PDO지수의 변동에 동반하여 태평양의 SST(해면수온)상이 교체한다.
주) 큰 선은 +0.2선
출전) Mantua 홈페이지

워싱턴대학의 N. J. Mantua는 1890~1924년과 1947~76년이 한랭한 PDO의 체제(regime), 1925~46과 1977~90년대 중반은 온난한 체제로 1998년에 전환(shift)이 일어난 가능성이 있다고 한다. PDO를 이용한 다른 연구에 의하면 1905년에 PDO가 온난으로 바뀌고 46년에 저온상으로 바뀌었다. 그리고 1977년에는 온난상으로 바뀌었다. 여기에서도 1946년과 1977년의 체제전환이 인정된다.

상기의 여러 연구에 공통적인 것은 1946-47년, 1976-77년에 정(+)에서 부(-)로, 부(-)에서 정(+)으로의 큰 전환이 생기고 그 중간이 저온상(극동해역은 고온상)이었다는 것이다. 그래서 이 시기는 전구기온의 저온기와 중첩된다. 이 두 전환기는 북태평양의 연어, 송어 생물량의 전환(그림 2-3)과 잘 대응한다. 다시 뒤에 기술하는 바와같은 쿠로시오수역, 캘리포니아해류역, 훔볼트(Humboldt)해류역의「정어리→멸치」, 「멸치→정어리」의 전환기(생태계의 전환기)와도 중첩된다.

태평양의 수 십년 규모 변동의 메커니즘에 대해서는 아직 설명은 없으나 ① 적도역과 중위도역에서의 대기해양상호작용과 ② 중위도역 내부에서의 대기해양상호작용이라는 두 가설(그림 4-8)이 있다. 그러나 수십년 이라는 긴 시간규모는 해양내부의 힘, 즉 바다의 기억력에 의한 것이라는 점은 양자에 공통된다.

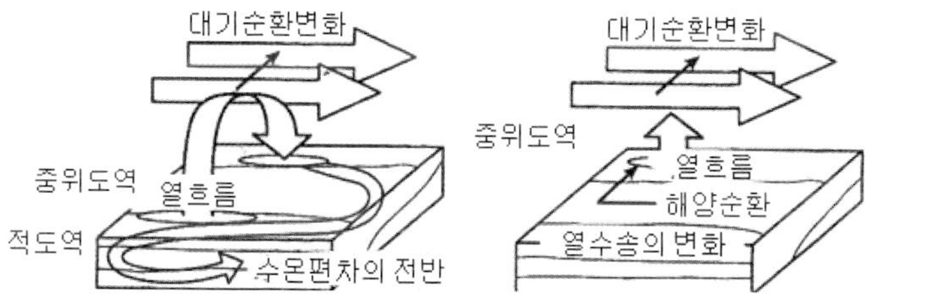

그림 4-8. 북태평양 수 십년 규모 변동의 대표적인 메커니즘
좌: ① 적도역과 중위도역의 대기해양상호작용
우: ② 중위도역의 대기해양상호작용
주) Flux란 흐름의 의미
출전) 일본 기상청, 2005

① 태양방사를 강하게 받기 때문에 적도역의 해면수온이 상승하여 상승기류에 의하여 대기의 대류활동이 활발해져 알류샨저기압(AL)을 강화하는 대기의 순환이 형성된다. 동시에 시베리아고기압으로부터 남동으로 부는 겨울의 계절풍(중위도편서풍)이 강해져 북태평양서부의 중위도

수역에서 해면수온이 저하하여 한랭한 아열대 mode수가 형성된다. 이 mode수가 적도해역으로 운반되어 거기서 해면에 노출하여 저온수가 대기의 대류활동을 약화시킨다. 이와같이 적도대와 중위도의 대기와 해양이 결합함으로써 열대와 중위도의 해면수온이 수 십년 규모로 변동한다. 수 십년이라는 시간규모를 결정하는 것은 중위도에서 적도해역으로의 수온편차의 전파에 소요되는 시간이다. 이것은 해수 그 자체의 이동과 파동전파에 의하여 행하여진다.

② AL와 중위도편서풍의 강화에 따라 쿠로시오의 유량이 증가하여 북태평양서부의 해양순환이 강화된다. 이 영향으로 남쪽의 따뜻한 해수의 양이 증가하여 대기로 열의 방출양이 변화한다. 거기에서 저기압의 강도가 변화하고 그 결과 AL가 약해진다. 이 주기의 시간규모가 수 십년이다.

태평양 수 십년진동 형태 (PDO pattern)의 전환에 대응하여 태평양 규모의 소형부어류 군집구조의 전환이 보인다. 태평양의 3 해류역 즉 쿠로시오역, 훔볼트 해류역, 캘리포니아 해류역(근년 정어리어획의 중심인 캘리포니아만은 포함되지 않는다)에는 각각 정어리, 멸치, 꽁치(쿠로시오역에만), 전갱이, 고등어로 구성되는 소형부어군집이 분포하고 있다. 이 군집구조가 대기-해양의 변동과 연동하여 정어리를 중심으로 하는 어종교대를 행하고 있다(그림 4-9).

전환 주기는 2가지 형태가 있다. 첫 번째는 정어리→멸치→정어리의 주기이다. 각 해류역에서 어류 2종의 변동은 역 위상이나 각 어종을 해류역간에서 비교하면 쿠로시오역과 훔볼트해류역에서는 변동시기가 같으나 캘리포니아 해류역에는 역으로 나타난다. 두 번째는 정어리→ 꽁치→ 전갱이→고등어→정어리의 주기인데 이것도 첫 번째 것과 같이 각 어종이 쿠로시오와 훔볼트해류역에서 동조(同調)하고 캘리포니아 해류역에서는 다른 두 수역과 위상이 지연되고 있다. 이 지연되는 이유는 아직 잘 알 수 없다.

그림 4-9에서 보는 바와 같이 멀리 떨어진 쿠로시오역과 훔볼트해류역에서 PDO의 상변화(相變化)가 역으로 되어있다. 그럼에도 불구하고

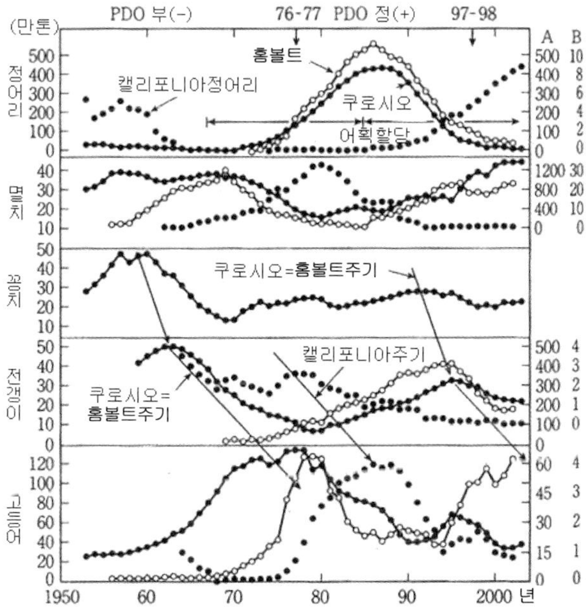

그림 4-9. 쿠로시오유역, 훔볼트해류역, 캘리포니아해류역에 있어서 부어 5 분류군의 어획량 (5년 이동평균)의 경년변동

쿠로시오유역: 검은 점(왼편 눈금), 훔볼트해류역: 흰원(오른편 눈금 A), 캘리포니아 해류역: 연한 검은 점(오른편 눈금 B), 화살표: 어종교대(교체)의 주기.

쿠로시오유역의 고등어는 난획의 결과, 1996년 이후 허리 굽힌 상태를 보인다.

캘리포니아정어리는 1967~85년의 금어 후에 회복하였다. 1986년 이후는 엄격한 어획할당이 행하여지고 있다.

출전) 川崎 등 2007.

이 두 수역에서는 각 어종이 그야말로 밀려와 붙어 다니는 것 같이 변동하고 있다. 환경과 어류의 관계는 어설프게 다룰 수 없는 것이다. 그러나 3개의 해류역에 있어서 이와같은 거대한 조화(harmony)는 놀랄만한 일이다.

가장 아래 그림에서 주목되는 것은 1990년을 저변으로 하여 상승으로 진환한 쿠로시오(Kuroshio)해류역 고등어의 어획량이 96년부터 허리 굽

임의 상태로 되어있는 것이다. 이것은 제 6장에서 기술하는 바와 같이 과도어획의 결과로 체제전환(regime shift)의 상승 리듬(rhythm)을 타지 않고 있다.

청어과의 어류와 환경변동의 교향악

대 변동을 반복하는 청어, 정어리, 멸치는 경골어류 중에서도 어느 것이나 진화의 수준이 낮은 청어류에 속한다. 진화의 수준이 낮은 어류가 특히 큰 생물량의 변동을 하는 것은 매우 흥미롭다. 정어리, 멸치가 난수성으로 중위도수역에 분포하는데 대하여 청어는 냉수성으로 북반구의 고위도수역에 서식하고 있어 정어리와 섞여 만나는 일이 거의 없다. 쿠로시오수역, 캘리포니아해류역, 훔볼트해류역, 벵겔라(Benguela)해류역과 같은 생산력이 큰 세계의 중위도수역에는 정어리와 멸치의 큰 개체군이 쌍을 지어 서식하고 있다. 이 4수역 중에 쿠로시오역을 제외한 3수역은 어느 것이나 대륙 서측의 용승역으로 생산력이 높다. 해류는 남북으로 흐르고 해면수온의 등온선은 남북으로 뻗고 동측(연안측)에는 수온이 낮다. 쿠로시오역은 북으로부터의 오야시오(Oyashio)와 함께 극전선을 형성하고 거기에는 생산력이 높다. 등온선은 동서로 뻗고 수온은 북측이 낮다.

청어는 Clupea속, 정어리는 Sardinops속, 멸치는 Engraulis 속에 속하나, 종은 수역마다 별종이다. 청어는 북대서양의 자원량이 태평양의 자원량보다 훨씬 크다. 정어리류 2종의 생물량에는 수역에 따라 큰 차이가 있다. 북태평양서부의 쿠로시오역에는 정어리는 대단히 큰 생물량을 가지고 큰 변동을 하나 멸치의 생물량과 그 변동은 작다. 북태평양동부의 캘리포니아해류역에서는 어느 것이나 큰 변동을 하나 생물량은 그렇게 크지 않다. 남태평양동부의 훔볼트해류역에서는 생산력이 대단히 높고 두 종이 다 같이 대 변동을 하나 특히 멸치의 생물량과 그 변동이 크고 세계 최대어업자원이다. 남대서양동부의 벵겔라해류역에서는 양종이 다같이 큰 변동을 한다.

그림 4-10은 이들 청어과 어류의 세계 주요 분포해역에서의 19세기말

까지의 어획량 장기변동을 나타낸 것이다. 화살표는 PDO의 전환이 일어난 시기인 1924-25, 1946-47, 1976-77, 1997-98년을 지시하고 있다. 그 중에서도 1946-47, 1976-77년은 20세기에 중요한 대기-환경계의 변동이 일어난 해이다. 1946-47, 1976-77년의 기간은 PDO의 저온기로서, 북태평양 중서부이북의 말굽모양의 제철역 (蹄鉄域)이 북태평양 동부의 쐐기모양의 설역(楔域)보다 상대적으로 고온으로 (그림 4-7) 20세기의 대기변동의 중핵기라 불린다.

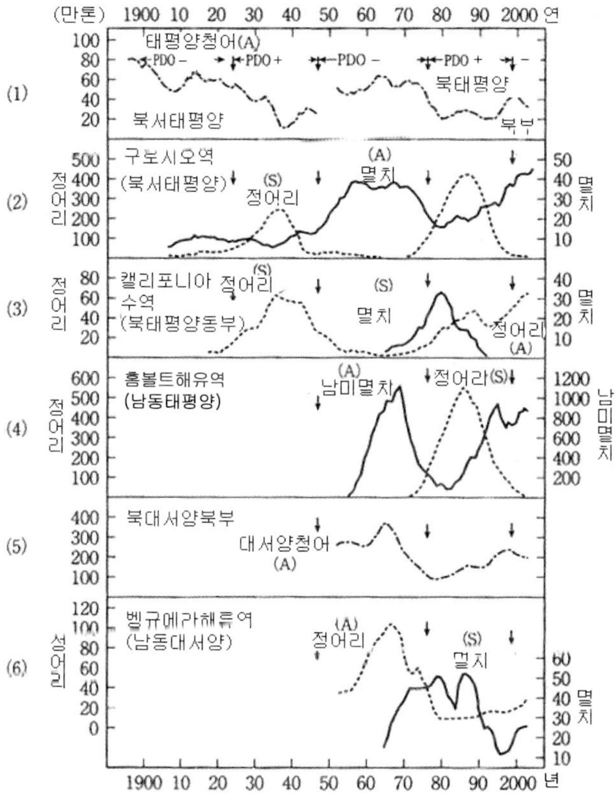

그림 4-10. 세계의 바다에서 청어과 어종의 어획량 (5년 이동평균)의 장기변동

주) ↓ 은 PDO의 전환 (shift) 점

그림 4-10의 (1)은 북태평양의 청어, (2)는 쿠로시오역의 정어리, 멸치의 변동을 나타내는데, 청어와 멸치의 변동은 닮았으나 정어리의 변동은 그것과 역 상관으로 되어있다. 이 (1), (2)에 있어서 청어, 멸치형의 변동양식을 A형(Anchovy 멸치), 정어리형의 변동양식을 S형(Sardine 정어리)이라 부르기로 한다. (1)과 (2)에 있어서 중핵기에는 A형이 번영하고 S형은 저수준으로 그 전후에 S형이 번영하고 있다.

그림 4-10의 (3)은 캘리포니아 정어리와 캘리포니아 멸치의 변동이다. 멸치와 1970년 이전 정어리의 주 어장은 캘리포니아 태평양연안이나 1970년 이후의 정어리 주 어장은 캘리포니아 만이다. 1930-40년대의 정어리의 변동양식은 S형으로 쿠로시오역에 있어서의 변동과 동조하고 있으나 1970년 이후의 변동양식은 A형으로 바뀌었다. 멸치는 S형의 변동을 하고 있으며 어종에 의한 변동의 위상이 쿠로시오역과 교체되고 있다.

(4)는 훔볼트 해류역에 있어서의 칠레정어리와 멸치의 변동으로 정어리는 S형, 멸치는 A형이다. 이 변동형태는 (2)의 쿠로시오역에 있어서의 그것과 꼭 같다. (5)는 북대서양에 있어서의 청어의 변동인데 (1)의 북태평양에 있어서의 청어의 변동양식과 꼭 같은 A형이다. 북태평양북부와 남동태평양, 북태평양북부와 북대서양북부와 완전히 수괴가 다른 수역사이에서 생물량의 변동양식이 중첩될 정도로 동조하고 있는 것은 놀라운 일이다.

(6)은 남대서양 아프리카서안을 따라 흐르는 벵겔라해류역에 있어서의 정어리와 멸치의 변동인데 여기에서는 정어리가 A형, 멸치가 S형의 변동을 보여 (2), (4)의 경우와 위상은 같으나 어종은 바뀌어 있다.

이상 보아온 바와 같이 세계의 어느 수역에 있어서도 대응하는 어종의 교대를 포함하면서 청어과 어류 (청어, 정어리, 멸치)는 지구적인 규모에서 동조하여 대 변동을 하고 있으며 그것을 기후·해양변동이 가동하고 있다. 확실히 환경변동이 악기를 연주하고 청어과 어류가 합창하는 지구규모의 교향악이다. 지구는 확실히 하나의 시스템이다.

환경으로부터 어류로의 생물학적 증폭

체제전환(regime shift)은 정어리와 멸치의 변동에서 처음 발견되고, 환경변동의 지표인 북태평양 준10년 진동(PDO)은 연어의 연구에서 처음 알게 되었다. 이것은 기후의 신호(signal)가 해양생태계에 의하여 추출(抽出)되었다는 것을 의미한다. 체제전환은 기후변동이 생물에 전해져서 그것을 생물이 증폭함으로써 보이게 된 것이다.

예를 들면 알류샨저기압(AL) 강도의 지표인 북태평양지수(NPI)의 평균치 변동의 진폭은 수 헥토파스칼(hP)로 대단히 작다. 그것이 생물생산에 관련되면 일본 혼슈(本州)동방의 동물플랑크톤의 1 m^3당 습중량의 평균치로는 50~400mg의 진폭으로 수배 정도가 된다. 그 플랑크톤을 먹는 부어류의 생물량 진폭은 전갱이에서 10배, 고등어에서 20배정도가 되어 정어리와 멸치에 이르러서는 수100배가 된다. 그러나 이들 부어류를 먹는 영양단계가 최고위의 다랑어류에는 수배이다. 이와같이 최고위 포식자인 대서양 대구의 생물량에 대하여 보면 계통군에 따라 들쭉날쭉은 있으나 진폭은 수배에서 최대10배이다.

이상을 정리하여 기술하면 물리환경→식물플랑크톤→동물플랑크톤→플랑크톤 식성어류로 단계가 올라 갈수록(이것을 bottom-up이라한다) 변동의 진폭은 커지나 다시 상위가 되면 역으로 작아진다. 중금속등의 농도가 환경수로부터 고위포식자(육상에서는 맹금류나 고양이과의 포유류, 바다에서는 다랑어류나 고래류)로 올라감에 따라 높아지는 것을 생물학적 농축이라 한다. 이것을 모방하여 해양에서 bottom-up힘에 따라 물리량이나 biomass의 진폭이 커지는 것을 「생물학적 증폭」이라 이름붙이고자 하는데, 농도의 경우와 다른 점은 증폭이 정어리, 멸치의 단계에서 멈춘다는 것이다.

왜 정어리, 멸치에서 특별히 변동의 진폭이 클까. 이 일은 그들의 식성과 관계하고 있다고 생각한다. 이와같이 생물량(biomass)이 큰 난수성어인 꽁치, 전갱이, 고등어는 이[illegible] 것이나 동물플랑크톤 식성어류이다. 그런데 정어리와 멸치는 동물플랑크톤과 함께 식물플랑크톤을 먹을 수 있는 특별한 어종이다.

육상의 자연생태계에서 풀과 나무가 청청하게 존재할 수 있는 것은 식물식(植物食)의 동물을 동물식의 동물이 조정(control)하고 있기 때문이다. 식물식 동물은 육식수(肉食獸)에 의한 포식압(捕食壓)에 항시 노출되어 육식수는 항시 기아상태에 있다. 일본에서는 사슴에 의한 풀이나 수목의 식해라는 것이 자주 화제가 되나 이것은 사슴을 먹는 육식수가 절멸하여 존재하지 않으므로 사슴이 과도하게 증가하였기 때문이다. 식물식의 동물을 동물식의 동물이 항시 조정하고 있는 육상생태계와는 달리, 해양생태계에서는 식물식 동물플랑크톤이 식물플랑크톤을 조정하고 있어 식물플랑크톤은 섭식압(攝食壓)에 노출되고 동물플랑크톤은 항시 기아상태(飢餓狀態)에 있다. 어류는 식물(食物)을 둘러싸고 동물플랑크톤과의 경쟁을 피하여 동물플랑크톤을 먹을 것을 선택하여 기본적으로 육식자(육상에서는 호랑이, 사자)가 되었다. 바다의 어류에 식물플랑크톤 전식자(專食者)는 거의 없다. 그러나 정어리류는 특별한 그룹으로 식물플랑크톤도 먹고 특히 정어리는 아가미에 붙은 아가미갈퀴(鰓耙, gill-raker)라는 여과장치의 눈(目)이 발육함에 따라 가늘게 되고 동물플랑크톤을 먹다가 전환하여 식물플랑크톤을 여과하여 먹을 수 있도록 되었다(그림 4-11).

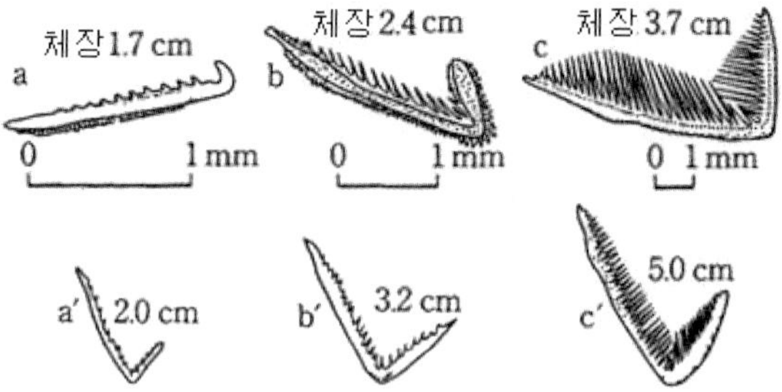

그림 4-11. 발육에 따른 아가미갈퀴(새파, 鰓耙)구조의 변화
주) a, b, c는 극동 정어리, a', b', c'는 캘리포니아 정어리
출전) 中井, 1938

가와사끼(川崎健)와 구마가이(熊谷明)는 1982년에 후쿠시마현((福島縣)부터 북해도동방의 도동(道東)에 걸친 넓은 연안수역에서 많은 정어리의 위내용물 샘플과 그 서식환경의 플랑크톤조성을 같이 조사하여 ① 정어리 위내용물은 환경의 플랑크톤조성을 잘 반영하고 있으나, ② 동물플랑크톤보다 식물플랑크톤을 더 많이 먹고 있다는 것을 확인하였다. 이와같이 정어리류는 넓은 범위의 플랑크톤분류군을 이용함이 가능하여 어류 중에서 태양에너지에 가장 가깝고 대단히 큰 개체수 변동을 하여 기후변동을 최대한으로 증폭한다.

IUCN(국제자연보호연합)의 Red list category의 CR (절멸 촌전)의 수치기준은「10년 혹은 3세대의 감소율 80%이상」으로 되어있다. 이 기준에 맞추면 정어리의 1988 연급은 1987 연급의 수 100분의 1로 1년 1세대로 감소하고 있어서 super CR의 초절멸위구종(超絶滅危惧種)이 된다. 이처럼 정어리의 생물량은 크게 변동하는 것이다.

전지구의 대기와 해양을 연결하는 순환

지구의 대기변동을 구동하는 중심지역은 북극지방에서 북대서양북부에 걸친 지역이다. 북유럽 바다(Nordic Sea)의 협소한 해역에 기원을 가지고 전 지구에 열을 운반하는 바다의 수송벨트 즉 열염순환(熱塩循環)의 이야기부터 시작하자. 앞에서 기술한 바와 같이 해양에서 해수의 순환에는 수평순환(풍성순환)과 연직순환(밀도순환)이 있다. 풍성순환은 바람이 해면에 주는 에너지에 의하여 일어나는 표층순환이다. 제 3장에서 기술한바와 같이 수심 수 100m까지의 해양표층에는 상하의 해수가 대류에 의하여 혼합하는 혼합층이 있고, 그 아래에 수온이 급격히 변화하는 수온약층이 있어 심층수를 가로막고 있다. 풍성순환은 표층에서 열을 수송하는 수평순환으로 쿠로시오(Kuroshio)나 만류(Gulf Stream)가 이에 해당한다. 이것에 대하여 밀도순환은 해면을 통한 열이나 물의 교환(증발, 강수)에 의하여 생기는 해수밀도의 지역 차에 의하여 일어나는 심층순환이다. 밀도는 수온과 염분에 의하여 정해지므로 이 순환을 열염순환(熱塩循環, thermohaline circulation)이라 한다.

상층해수가 하층을 향하여 침강해 들어가는 조건이 충족되고 있는 바다는 한정되어 있다. 상층에서의 해수 밀도가 심층수의 밀도보다도 커지는 해역에서는 해수는 해저 가까이까지 침강할 수가 있다.

북대서양 북부에는 멕시코 만류로부터 파생한 난류가 흘러든다. 이와 같이 고위도까지 온난한 해수가 수송되는 것은 지구상에서 여기뿐으로, 흐름에 의하여 북극해로 운반된 열의 대부분은 이 루트(route)를 통한다. 북유럽이나 캐나다 대서양측이 온난한 것은 이 더운 물 때문이다. 북상의 과정에서 해수는 심하게 증발하여 열과 수분을 대기로 뺏겨 저온, 고염분이 고밀도의 해수가 형성되고 심층으로 침강한다. 지구상에서 침강해 들어가는 물의 대부분은 여기서 형성된다.

이렇게 하여 형성된 심층수는 북대서양심층수(NADW)라 불린다. NADW는 대서양서부를 남하하여 남극대륙근해에 달한다. 남극대륙의 대서양측에 면한 웨들해(Weddell Sea)나 로스해(Loss Sea)의 해저에는 NADW해수보다 훨씬 한랭하고 더욱 지구상에서는 여기서 밖에는 만들어지지 않는 고밀도의 AABW(남극저층수)가 가로 놓여있다. NADW는 AABW의 위에 얹혀 그 일부와 함께 동해안으로 흐른다. 심층수의 일부는 인도양으로 들어가 아프리카의 동해안을 북상하나 대부분은 오스트레일리아의 동해안을 북상하여 북태평양북부에 도착한다. 인도양북부, 북태평양북부에 도착한 심층수는 표층하에 부상하여 고온의 표층수가 되어 열을 싣고 북대서양북부로 돌아간다. 그래서 대기에 열을 방출하고 다시 심층으로 침강한다. 이 과정의 한주기는 1000~2000년이라 알려지고 있다.

이 장대한 열염순환을 수송벨트(conveyor belt)라 한다(그림 4-12). 이 개념 모델은 미국의 컬럼비아대학의 라몬트 도하디 연구소의 W. S. Broecker에 의하여 1994년에 전개된 것인데 기후변동의 성격에 대한 최근의 생각에 헤아릴 수 없을 정도의 영향을 미치고 있다.

이 모델이 너무 단순화된 것은 명백하고 현실의 세계는 훨씬 복잡하나 이 모델은 열염순환의 기후학적 의미를 생각하는 출발점을 제공하고 있다. 특히 표층류가 극 방향으로 대단히 대량의 에너지를 수송하는 메커니즘을 교모하게 설명하고 있다.

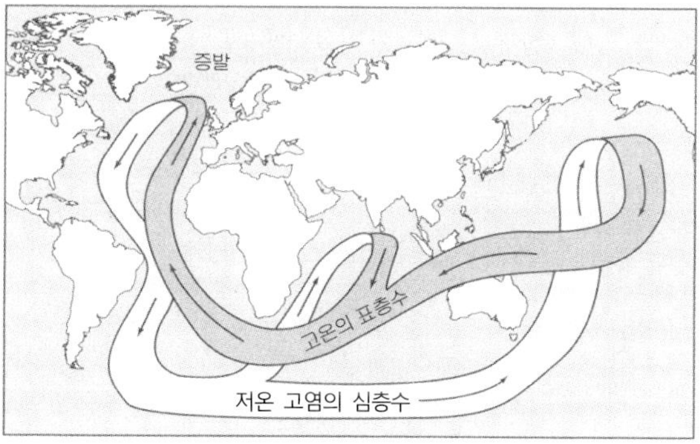

그림 4-12. Conveyor belt (열염순환)
출전) Trenberth, 1992.

열염순환의 강도, 이것도 수 십년 규모로 변동하고 있다, 이 변동의 기작을 이해하기위하여 북대서양진동(NAO, North Atlantic Oscillation)에 대하여 설명할 필요가 있다. NAO는 ENSO와 닮은 현상이다. 18세기 이래, 동계에 그린란드서부가 대단히 온난할 때는 북유럽에서 대단히 한랭하고 반대로 그린란드서부가 한랭한 때에는 북유럽에서 온난하다는 것이 알려졌다. 이 시소현상을 워커(Walker. G)가 1920년대에 발견하였는데 이것이 NAO이다.

제3장에서 설명하는 바와 같이, 북대서양북부에서는 아이슬란드주변에 아이슬란드 저기압(IL)이 있고 그 남부의 아조레스(Azores)제도주변에는 아조레스고기압이 있어 그 사이를 강한 서풍이 불고 있다(그림 3-6). 포르투갈의 리스본(Lisbon)과 아이슬란드의 레이캬비크(Reykjavik)간의 동계(1~3월)의 해면기압의 차를 장기(1964~93년) 평균표준편차로 나눈 것이 북대서양신동지수(NAOI)이다. 이 NAOI는 편서풍의 강도와 해면으로부터의 열의 방출지수이다. 그림 4-13에 1900~2004년의 NAOI의 변동을 보이는데 수 십년의 시간규모로 변동하고 있는 것을 안 수 있다. NAOI는 1940년대 말~1970년대 초에 부(-)를 보이고 북태평양의 PDO에 대응하고 있다.

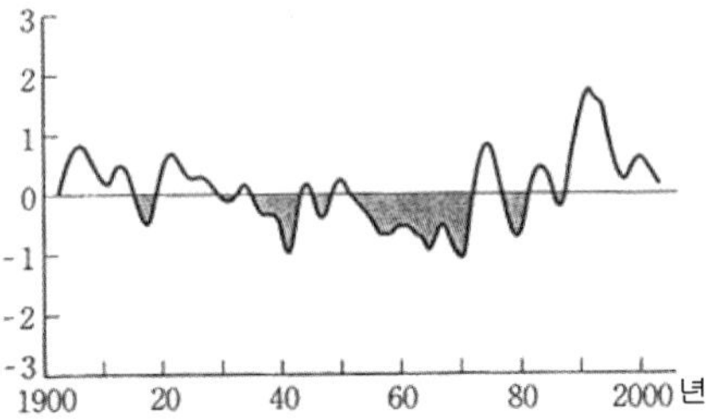

그림 4-13. NAOI(북대서양진동지수)의 변동
출전) Wikipedia 홈페이지

NAO는 대기-해양 상호작용을 통하여 열염순환과 크게 관계하고 있다. 세계기후를 결정하는 북극해~북대서양북부수역은 대단히 미묘한 성격을 가진 수역이다. 운반되어오는 열의 기원은 어디인가, 거기서 열은 현열(顯熱) 및 잠열(潛熱)로서 어느 정도 대기로 운반되는가. 특히 북극해의 얼음과 그린란드의 빙상이 녹으면 거기서 침강하는 해수의 밀도에 큰 영향을 미친다. 여기서의 침강수는 대단히 미묘한 균형(balance)으로 얽혀있다.

북대서양 북부의 어디서나 해수가 심해를 향하여 침강해 들어가는 것은 아니다. 침강해 들어가는 수역은 2개소, 북유럽바다 (Nordic Sea)에 있는 그린란드해와 남쪽의 래브라도해이다(그림 4-14). 그린란드해에서 형성된 심층수는 그린란드와 아이슬란드간의 덴마크해협의 해령을 타고 넘어 남하한다. 래브라도해에서 만들어진 고밀도수는 그린란드해에서 만들어진 해수보다 밀도가 낮아 그 위에 얹힌 꼴이 되어 이들이 NADW를 구성한다. 래브라도해수는 한랭한 겨울일수록 대량으로 만들어지고 그 변동은 북대서양진동(NAO)에 의하여 구동된다. 이 두 수역의 대류(연직혼합)의 상대적 강도와 거기서 만들어지는 해수 성질은 수 십년의 시간 규모에서 크게 변화한다. 두 수역의 대류활동의 교대는 대기활동의 변화가 해양에 직접 영향을 미쳐 일어나므로 NAO의 강제에 대한 해양의 응답이다. 이와같은 NADW형성해역에서 일어나는 주기적인 변동은 북대서양북부의 열 이동에 큰 영향을 주어 해양표층의 열 분포에 크게 영향을 미친다. 그 결과 해양으로부터 대기로의 열수송의 변화가 수 십년이라는 규모에서 생기고 전구적인 기후에 크게 영향을 미친다.

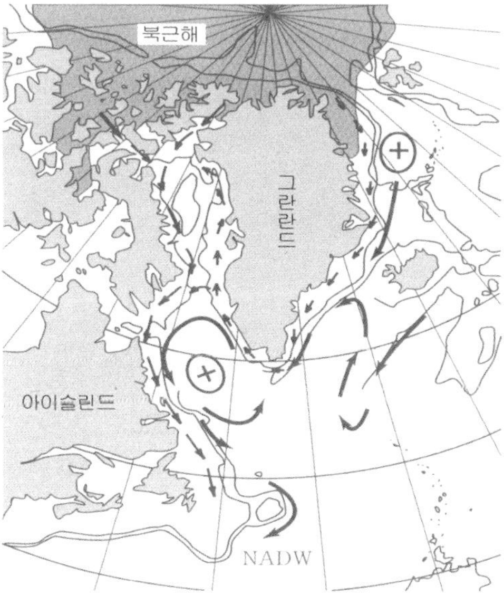

그림 4-14. 북극해. 그린란드 및 표층수의 침강수역
x는 그린란드 해와 래브라도 해에 있어서 침강 점. 가는 → 선은 표층류, 큰 → 선은 심층류를 나타낸다. 그림 위쪽의 그늘진 부분은 북극해의 큰 부빙군(浮氷群)으로 1년의 11개월 이상이 해빙으로 덥힌 곳
출전) Hillaire-Marcel et al., 2001

열염순환의 대서양부분을 남북연직순환(Meridional Overturning Circulation, MOC)이라 부른다. 이것은 자오선에 연한 북대서양에서 남대서양에 걸친 큰 연직순환이다. 해면수온은 MOC의 강도의 지표로 쓰인다. 그림 4-15는 1980~2004년에 걸친 해면수온의 변화경향이다. 인위적인 지구온난화의 영향을 제외하고 「℃/100년」을 단위로 나타내었다. 태평양에서는 동측의 부(-)편차의 쐐기역(설역, 楔域)이 서측의 정(+)편차의 말굽역(제철역, 蹄鉄域)으로 두느러 박히는 형태를 보인다. 그림 4-15의 이 기간의 대서양에서는 북대서양에서 정(+)편차, 남대서양에서

는 부(-)편차로 되어있다. 이것은 북대서양에서 생긴 해면수온 변동의 위상과 남대서양에서의 위상이 역위상이 되어있음을 나타내고, 북대서양에서의 변동이 남대서양으로 시간적으로 지연되어 전해짐을 나타낸다.

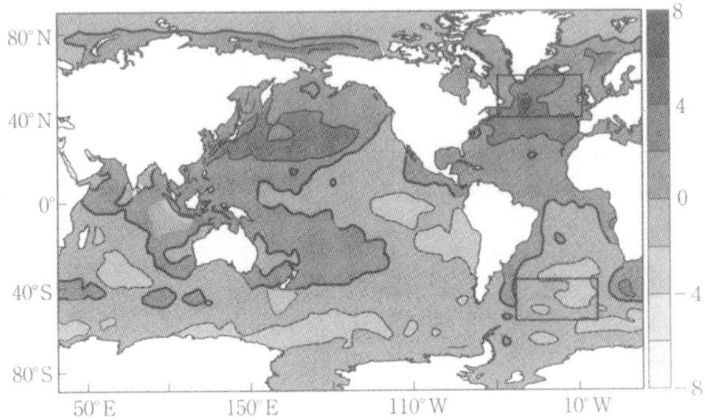

그림 4-15. 1980~2004년의 25년간의 전구의 SST(해면수온)의 변화(단위 ℃/100년)

주) 수역간의 차이를 두드러지게 하기위하여, 전구적인 경향은 제거되어있다.

출전) Latif et al., 2006

그림 4-15에서 생각나는 것은 대서양과 태평양의 차이이다. 대서양에서는 수온변동의 위상이 남대서양과 북대서양이 역으로 되나, 태평양에서는 동태평양과 서태평양이 역으로 된다.

그림 4-16의 그늘진 곡선은 1925~2000년의 NAOI의 변동이다. 큰 선으로 나타낸 curve는 해면수온의 북반구와 남반구간의 차의 시계열이며 NAO의 변동에 약 10년 지연되어있다. 그림 4-16의 상도는 래브라도해에 있어서 대류의 두께를 보이고 해중의 2개 등밀도면간의 거리변동으로 이것이 두꺼울수록 많은 침강수가 만들어지게 되고 그림 4-13의 NAO의 변동과 잘 연동되어있다. 이렇게 하여 NAO의 변동리듬은 열염순환을 통하여 전 세계로 전해진다.

대기의 측면에서도 북태평양과 북대서양의 관계가 분명해졌다. 북대서양에 있는 IL와 북태평양에 있는 AL는 겨울 내내 정체하고 있는 대규모 저기압이다. 양자는 북극을 끼고 대치하고 있다(그림 3-6). 한겨울(1

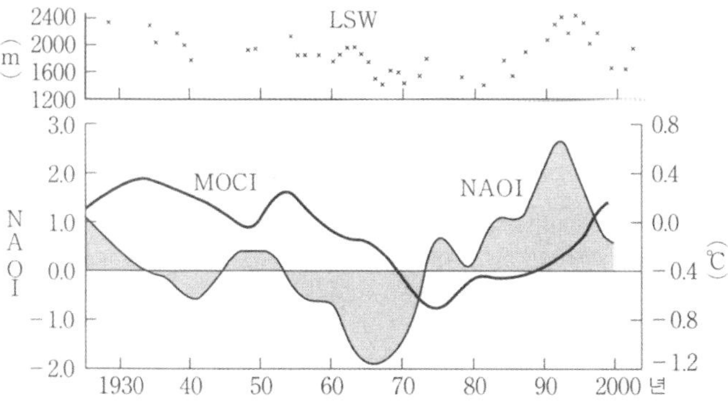

그림 4-16. LSW(래브라도해수)의 두께의 변동(상)과 동계(12~3월)의 NAO지수 및 MOC지수의 변동(하)

주) LSW는 래브라도해에 있어서 침강의 강도의 지수로, 등밀도면 사이의 거리. MOC지수의 변동은 그림 4-15의 대서양의 남북의 박스간 SST 차의 편차 변동.

출전) Latif et al., 2006

월)에 AL에서 일어난 변동이 상공에서 대규모로 대기의 파동을 일으키고 그것이 북미대륙을 지나 북대서양에 달함에 따라 약 1개월 후에 IL의 강도가 변한다는 것을 알았다. 그림 4-17에 나타낸 바와 같이 두 저기압의 강도는 시소관계에 있고 이것은 북태평양과 북대서양의 두 저기압이 서로 영향을 주고 있음을 나타내고 있다.

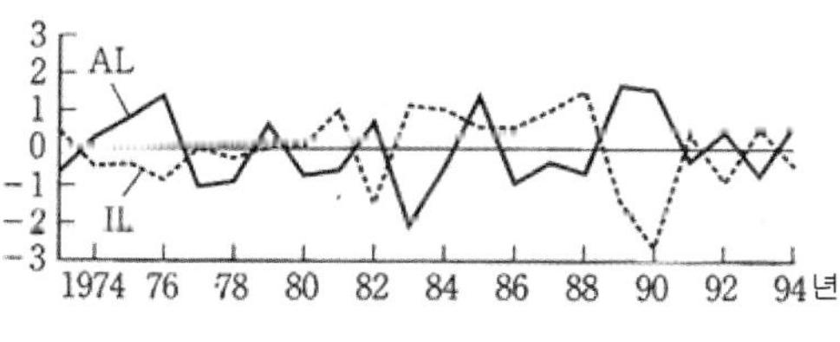

그림 4-17. 알류샨저기압(AL)과 아일랜드저기압(IL) 강도의 시소(seesaw)관계

출전) 本田, 中村, 2001

세계의 어느 부분이 북대서양의 대기를 구동하고 있을까. 전에는 북대서양 대기 변동의 기원은 북대서양 그 자체에 있다고 생각했다. 그러

나 북대서양의 해면수온과 상공의 열용량 변동은 NAO를 일으키기에는 너무 작다.

그래서 최근에 이르러 NAO가 인도양과 태평양 열대수역의 해면수온 변동에 의하여 구동되고 있음을 알게 되었다. 인도양과 태평양의 열대 해양에 있어서의 수온변동이 열대에 있어서의 강수와 대기중 잠열의 방출 양상과 확산을 변화시켜 그것이 고위도지방에 있어서 대기순환의 변동을 구동하여 멀리 떨어진 NAO의 공간구조에 영향을 미친다. 여기서 태평양 열대수역의 대기-해양의 변동인 ENSO와의 연결이 나온다. 인도양과 태평양의 열대해양 해면수온의 느린 변화가 NAO의 상변화(相變化)를 불러일으킨다.

20세기 후반에 지구상의 동계(12월~2월) 해면수온의 NAOI(73개월의 이동평균)의 시계열에 대한 회귀를 보면, 열대수역에 있어서의 해면수온이 온난한시기가 정(+)의 NAO상과 대응하고 있어 북대서양의 기후변동이 열대수역에 유래되고 있음을 보이고 있다. 이것은 이론model을 이용하여 확인되고 있다.

그림 4-17에서 AL와 IL의 변동이 역상관되고 있음을 보이는데 그 기작을 보이는 것이 그림 4-18이다. 북태평양에서 AL의 강약에 대응하는 순환편차가 1월에 나타나면 그 영향이 상공의 대규모적인 파동으로 북미대류에 미치고 미국남부 상공에 고기압성의 편차가 형성된다. 2월이 되면 여기서부터 별개의 파동이 나타나 북대서양 그린란드의 남부에 저

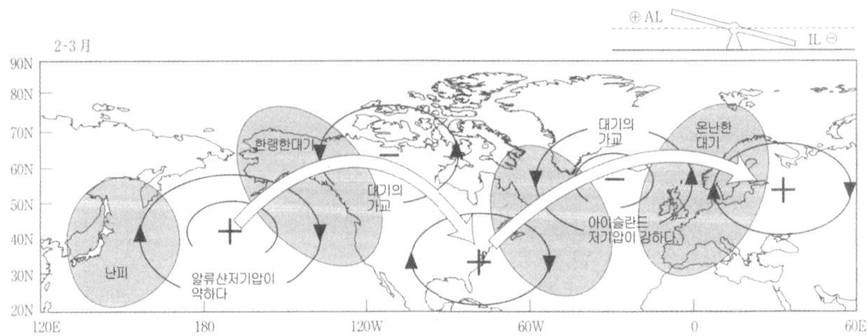

그림 4-18. 대기 가교 (架け橋)의 형성과정모식도

출전) 해양과학기술센터, 2001

기압성편차, 유럽 상공에 고기압성편차가 형성된다. 북대서양상공의 편차는 발달하여 해상의 IL의 세력이 변화한다. 이것에 의하여 태평양으로부터 대서양으로의 「가교」가 완성된다.(해양과학센터 2001). 이처럼 지구상의 해양과 대기는 연계되어 하나의 시스템으로 변동한다.

제 5 장

분단된 바다

-국제연합 해양법조약과 어업-

사진. 불법어업 저항과 단속 광경

해양자유(自由)인가 해양분할(分割)인가

지금까지 세계 각 수역의 해양생태계=어류군집이 수 십년 시간규모로 변동하고 그것이 대기-해양의 변동에 의하여 구동되고 있다는 것, 그래서 각각의 변동이 각각 따로가 아니고 지구전체의 해양-해양생태계가 하나의 시스템으로 변동하고 있다는 것을 지구환경의 관점에서 기술하였다. 이 장에서는 인간의 관점에서 이와같은 지구환경시스템의 구성부분으로서의 어업자원을 어떻게 이용하여왔는가, 지금까지의 이용의 방법에 어떤 문제가 있어 어떻게 고치지 않으면 안 되는가에 대하여 기술하고자 한다.

바다와 거기에 존재하는 어류가 누구의 것인가 라는 것은 옛날부터 인류에게는 큰 문제였다. 이것에 대한 사상은 큰 변화를 이루어 왔다. 고대의 로마법에서는 「바다는 자연법에 의하여 모든 사람의 공유물이라 공기와 같이 어떤 사람에 의해서도 소유될 수 없고 그 사용은 만인에 개방되어있다」로 되어 있다. 즉 인류의 공유재산이라는 사상이다. 이 사상은 중세에 들어 변화해온다.

중세의 후기로부터 근세의 초기에 걸쳐 유럽에 있어서 해양에 대한 국가주권의 주장이 강해져왔다. 그것은 해양국가가 무역을 위한 항로를 독점하여 큰 이익을 올리기 위한 것이었다. 해양국가가 처음에는 자국주변 바다의 영유를 주장하였으나 15세기말이 되어 해양무역이 전 지구적으로 확장되자 해양의 영유를 주장하는 국가가 나타났다. 당시의 2대 해양국가의 하나였던 스페인은 대서양의 서측반과 멕시코만과 태평양의 영유를 주장하고 또 하나 포르투갈은 대서양의 동측반과 인도양의 영유를 주장하고 통과하는 타국의 선박에 대하여 양국의 허가를 받을 것을 요구하였다. 최초의 해양분할(海洋分割)이었다.

17세기에 들어 영국의 James I세는 연안국의 입장에서서 해양국으로서 발전해온 네덜란드에 대하여 적시정책을 취하여 1609년에 「어업선언(漁業宣言)」을 발표하고 영국 가까운 북해(North Sea)에서 조업하는 네덜란드어선에 과세하여 영국왕의 허가장 소지를 강요하였다. 그 후

전개되는 연안국 대 해양국 투쟁의 시초로 사상 최초의 어업자원에 대한 주권선언이었다. 이와같은 양국의 대립은 해양의 영유는 가능한가라는 법률논쟁으로 발전하였다. 네덜란드를 대표하는 논객(論客)인 구로데우스는 「자유해론」을 발표하여 해양의 영유는 안 된다고 주장하였다. 해양자유의 사상이다. 이것에 대하여 영국의 논객 셀덴은 「폐쇄해론」을 가지고 대응하여 해양의 영유가능성을 주장하였다. 「해양분할」의 사상이다. 이 두 사고방식은 그 후 계속하여 의론(議論)되고 현재에도 논쟁의 주제이다.

구로데우스는 해양은 점유할 수가 없으므로 누구의 소유도 안 된다 하였다. 그는 사용함으로써 소진되는 것과 사용하여 소진되지 않는 것을 구분하여, 공기나 해양은 후자에 속하는 것으로 만인의 공유(共有)라 히였다. 여기에도 「인류의 공유재산」 사상이 나온다. 또 바다나 그 자원은 무한이므로 소유불가능하고 만인의 이용에 적합하다 하였다. 여기에서 「바다의 지구환경」 사상의 얼굴을 엿볼 수 있다.

18세기에 들어 사태는 크게 변동한다. 1760년대에 이르러 영국에서 산업혁명이 시작되어 그것이 1830년 이후 유럽에 확장되어 자본주의의 시대가 시작되었다. 유럽제국은 시장, 원료, 자본 등을 투자할 곳을 찾아서 아시아, 아프리카, 남북아메리카를 점차 식민지화하고 있었다. 이와 같이 해상교통 및 무역이 지구상에 확장하는 단계에 바다의 영유나 항로의 독점은 자본주의의 발전에 방해가 되어왔다.

18세기 말경부터 영해(領海)라는 개념이 정착되었다. 즉 육지의 연장으로서의 연안수역은 연안국에 속한다는 생각이었다. 이것은 국방, 어업자원의 독점, 관세, 위생 등의 필요성에서 육지로부터 지배가능한 일정한 거리를 영해로 하자는 사고방식으로 「육지의 지배는 무력이 미치는 곳에 미친다」라는 것으로 포탄이 도달하는 범위라는 착탄거리설(着彈距離說)이 정착하여 영해의 범위는 거안 3마일이 주류로 되었다. 영해(領海)와 공해(公海)가 구별되어 협소한 영해 외측의 넓은 공해에 대해서는 「어떤 국가도 독점적인 지배권을 행사할 수 없다」라는 해양자유(海洋自由)의 원칙이 「7개의 바다」를 지배하던 최대의 산업강국, 해양강국이었던 대영제국을 중심으로 하여 19세기 초에 일반 관행으로 확립되었다. 이것은 소위 「강자의 자유」였다.

북해(North Sea)를 둘러싼 영국과 네덜란드의 싸움과 같이 연안역에 있어서 국가간의 어업분쟁은 예부터 존재하였으며, 그것이 육지로부터의 지배가능성의 문제와 함께 영해와 공해를 구별하게 된 큰 이유였으나, 20세기에 들어 원양어업이 급속으로 발전하여 국가간의 어업분쟁은 새로운 단계에 들었다. 또 해저유전이 발견되어 석유의 채취기술도 확립되었다. 공해에서의 그때까지 주된 해양이용방법은 해상교통과 군사행동이었으나 거기에 천연자원(생물, 광물)의 탐사와 개발이란은 새로운 항목이 가해졌다.

결정적인 변화가 제 2차 세계대전이후에 일어났다. 유럽의 식민지주의가 붕괴하고 아시아, 아프리카, 라틴아메리카의 신흥제국이 일대 세력으로 되어 국제무대에 등장하였다. 또 자본주의 세계에 있어서 영국의 지위가 저하하고 그 대신 아메리카가 최대의 산업, 해양강국이 되었다.

이와같은 해양이용의 상태 변화와 국제사회의 전환에 의하여 「해양자유」의 원칙은 수정되지 않을 수 없게 되었다. 이 수정이 아메리카에 의하여 시작되었는데, 이것은 하나의 역사적 제약(制約)이 되었다.

트루먼 선언과 국가관할권(國家管轄權)

제 2차 세계대전 직후의 1945년 9월 28일에 아메리카대통령 트루먼(Harry Truman)은 대륙붕과 어업보존수역에 대하여 2개의 선언을 행하였다. 영해를 넘는 아메리카의 연안수역과 그 해저에 대한 사실상의 주권적 권리의 선언이다. 그림 5-1에 대양해저의 평균적 횡단면의 구조와 호칭을 보이는데, 대륙붕(大陸棚)이란 외연이 평균수심 130m까지의 낮은 해저로 해면이 현재보다도 100~200m낮았던 18,000년 전의 최종빙기에 육지의 해안평야로 형성된 곳이다.

「대륙붕에 대한 선언」은 대륙붕은 연안국의 육지의 연장이므로 거기에 존재하는 자원은 연안국의 관할권과 관리에 따른다는 것으로 아메리카가 멕시코만의 해저석유자원의 독점을 노린 것이었다. 「어업보존수역

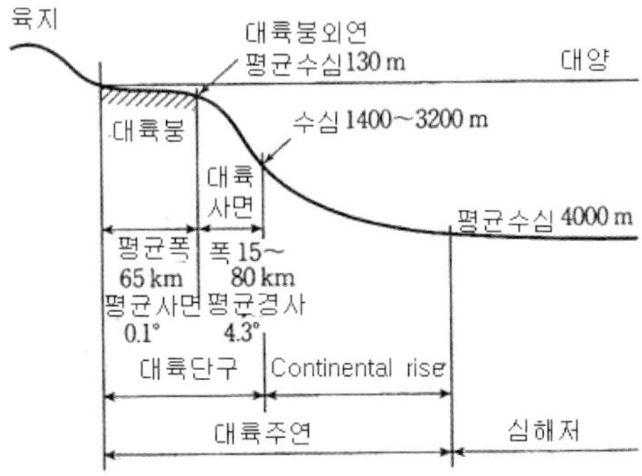

그림 5-1. 대양해저의 평균적 횡단면의 구조
출전) 아메리카 지질조사소, 1969

에 관한 선언」은, 아메리카연안의 어업자원을 파괴적인 개발로부터 지키기 위하여 공해 중에 보존수역을 설정한다는 것으로, 강화후의 일본어업의 진출로부터 아메리카로서는 귀중한 자원인 알라스카의 연어, 송어를 지키기 위하여, 가장 빠른 시기에 던진 포석이었다. 그래서 트루먼선언에 포함된 아메리카의 국익을 지킨다는 의지와 국수주의(nationalism)는 제 2차세계대전 후의 세계 해양제도의 체제(frame) 즉 「해양자유」에서 「해양분할」로의 전환에 결정적인 영향을 미친 것이다.

트루먼선언은, 제 2차세계대전후의 식민지, 종속국의 민족해방운동, 국수주의 고양(高揚)가운데, 라틴아메리카 제국에 큰 자극을 주었다. 트루먼선언에 있어서는, 대륙붕에 대한 주장은 해상 및 해저 하에 한정되었으나, 이것을 상부수역까지 확장하려는 움직임이 강해졌다. 노리는 것은 어업자원의 독점이다. 해양분할은 어류를 둘러싼 것으로부터 시작되었다. 트루먼선언 직후의 1945년 10월 20일에 멕시코가 대륙붕상의 어업독점수역을 설정하고 1946년에 들어서 아르헨티나가 대륙붕수역의 주권을 선언, 파나마가 어업관할권에 관한 정령(政令)을 정하였다.

여기까지 언급된 나라들은 어느 것이나 트루먼선언에 따르는 형으로 대륙의 연장이라 생각되는 대륙붕 및 그 상부수역의 생물자원에 대한 권리를 주장한 것이고 이것은 「육지로부터의 발상」이었다.

그런데 1947년 남미 태평양에 위치하는 칠레와 페루는 새로운 발상으로 연안수역의 자원에 대한 권리를 주장하였다. 이것은 「바다로부터의 발상」이었다고 말할 수 있다. 칠레와 페루는 거안 200해리까지의 수역에 대하여 주권적인 관할권을 주장한 것이다. 남미의 태평양안에는 해안으로부터 급히 깊어져, 대륙붕을 관할권의 기준으로 하는 사고방식은 남미 태평양연안제국에게는 불리하다. 이 200해리의 근거는 거기를 흘러 대량의 페루 멸치(anchoveta)가 분포하는 훔볼트(Humboldt)해류의 폭이었다. 「바다로부터의 발상」은 「어류로부터의 발상」이었다. 그 후 라틴아메리카 제국은 영해 혹은 자원수역으로 200해리주의를 전개하여 1952년이 되어 칠레(Chile), 페루(Peru), 에콰도르(Ecuador)는 거안 200해리까지의 배타적인 주권 및 관할권을 주장한 「산티아고선언(Santiago宣言)」을 채택하였다. 금일 200해리 시대 개막의 역할을 맡았던 것은 페루 멸치였다. 어류자원을 둘러싸 그 속에 넣는다하는 이 움직임은 전 세계에 큰 충격을 준 것이다.

한국은 1952년에 「해양주권선언」을 행하여, 한반도주변의 광대한 수역에 주권을 행사하는 이른바 「李承晩 line」을 설정하였다. 이승만은 당시의 한국 대통령이었다. 동지나해의 풍부한 저어류자원을 둘러싸 속에 넣는 이 line에 관련하여 한일양국은 예민하게 대립하여 한국은 「침범」한 일본어선의 나포를 되풀이하였다. 대립의 주요점은 한국이 영해의 외측에 어업관할권을 설정한 것에 대하여 일본은 「해양자유의 원칙」을 주장하여, 영해 외측의 해양에 대한 관할권은 어떤 것이라도 인정되지 않는다라는 점이었다. 신흥국의 「해양주권」과 선진국의 「해양자유」를 둘러싼 분쟁이 힘에 의한 투쟁으로 발전한 것이다. 이 분쟁은 1965년 6월 22일의 한일어업협정의 체결까지 이어졌다. 거기까지 한국에 의하여 나포된 일본어선의 수는 326척, 억류된 승무원은 3,904명에 달하였다.

분쟁은 북대서양에서도 일어나고 있었다. 대구(cod)를 둘러싼 아이슬란드와 영국 사이에 일어난 「대구전쟁」이다. 유럽인은 흰 살의 대구를 좋아한다. 북대서양의 대구를 노리는 「대구통어(大口通漁)」는 15세기 초부터 행하여져 영국, 프랑스, 스페인의 어선이 멀리서부터 아이슬란드 주변의 호 어장까지 위험을 무릅쓰고 출어하였다. 이 모양은 피에르 로티(Pierre Loti)의 「氷島의 漁夫」(1886, 岩波文庫에 邦譯)에 묘사되어있다.

한편 아이슬란드의 산업의 중심은 지금까지도 어업으로, 근해의 대구자원을 지키는 것은 국민의 사활문제이었다. 아이슬란드정부는 1958년에 거안 12마일까지의 어업관할권을 설정하여, 원양어업국인 영국과의 분쟁이 시작되었다. 「해양주권파」와 「해양자유파」사이의 투쟁이다.

영국은 해군을 파견하여 어선을 호위하였다. 1972년에 아이슬란드는 어업수역을 50해리까지 확대하고 다시 1975년에는 단번에 200해리까지 확대하였다. 영국함대가 파견되어 아이슬란드의 연안경비대와 교전하였다. 어류를 둘러싼 분쟁이 열의 전쟁(熱戰爭)까지 발전한 것이다.

팔트의 연설과 UN해양법조약의 성립

지중해의 작은 나라 몰타공화국의 UN대사 아비드 팔트(Paldt)는 1967년 11월 1일에 UN총회 제1위원회에서 4시간에 걸친 대 연설을 하였는데, 이것이 제 2차 세계대전 후의 해양을 둘러싼 국제분쟁을 정리하고 새로운 바다의 질서를 정하기위한 제 3차 UN해양법회의 기폭제가 되었다. 그는 「해양법 회의의 아버지」라고 불릴만 하다. 팔트는 무엇을 지목하였을까. 그의 최대의 목표는 세계중의 해저가 뛰어난 개발기술을 가진 선진국사이에서 분할되어 버릴 것을 방지하는 것이었다. 문제는 대륙붕이 국가목적을 위하여 개발되는 것인가, 그렇지 않으면 국제협력에 의하여, 특히 가난한 나라를 위하여 개발되는가라고 하는 것이었다. 국가관할권 하에 있는 대륙붕의 범위를 되도록 협소하게 하여 그 외측의 되도록 넓은 해저와 그 자원을 인류공유재산으로 하여 국제적 관리하에 두자는 것이었다. 팔트의 목표는 선진국이 원조에 의지해온 신흥국에의 원조체제를 일변시켜 남북(선진국과 개발도상국)문제해결에의 길을 개척하자는 것이었다.

팔트의 사상을 포함한 「몰타결의안」은 1967년 12월 18일의 UN총회에서 만장일치로 채택되었으나 그 후 되도록 넓은 국가주권을 요구하는 신흥국 그룹과 이것을 방지하려는 선진국 그룹이 대립하여 여러 곡절을 거쳐 1973년 12월 3일이 되어 겨우 제3차 UN해양법회의가 시작되었다. 그 모양은 금일의 「지구온난화」를 둘러싼 그룹간의 다툼과 꼭 닮았다.

회의는 양 그룹이 대립하여 자주 지연되면서 계속되었다. 타협의 산물로 연안국이 그곳의 자원에 대해서 주권적 권리를 갖고 거안 200해리까지의 배타적 경제수역(Exclusive Economic Zone, EEZ)의 설정을 주요한 부분으로 하는 UN해양법조약이 1982년에 채택되었다. 그러나 조건으로 된 60개국의 비준, 가입이 좀처럼 진행되지 않고 일시는 비관론도 흘렀으나 1994년이 되어 겨우 발효되었다. 바다를 관리하는 국제규범은 50년 가까운 의론을 거쳐 1947년의 라틴아메리카제국이 주장한 별것 아닌 「어류(anchoveta)로부터의 발상」으로 정착된 것이다.

바다의 생물자원은 육지 가까운 곳에 대부분이 존재하고 대양중심부는 바다의 사막이라, EEZ에 의한 「해양분할」은 실질적인 모든 자원의 국가간의 분할이다. 세계의 바다를 둘러싼 법적 구조(scheme)는 어류를 중심으로 한 「해양자유」로부터 「해양분할」로 180도 전환하였다. 팔트는 「되도록 협소한 국가관할권, 되도록 광범위한 국제관리」를 지목하였으나 결과는 EEZ라 하는 「넓은 국가관할권」이었다. 팔트는 해양법조약 제정의 불을 붙였으나 결과는 그의 이상과는 정반대의 방향으로 진행된 것이다.

해양법조약에 의하면 각국 연안의 기선부터 12해리까지가 영해(領海), 그 외측에서 기선으로부터 200해리까지가 배타적 경제수역(EEZ), 그 외측이 공해(公海)이다. EEZ에 대해서는 연안국은 그 해상(海床), 지하 혹은 상부수역의 천연자원(생물, 비생물)을 탐사, 개발, 보존하는 주권적 권리를 가진다. 연안국은 해양과학조사 및 해양환경의 보호, 보전에 관한 관할권을 가진다. EEZ에 있어서 선박의 항행, 항공기의 상공비행, 해저전선과 해저 pipe line의 부설은 외국에 대해서도 인정된다. EEZ란 요점을 정리하면 자원, 조사, 환경에 대해서는 연안국에 권리가 있으나 항행, 통신, 운반은 외국에 대해서도 인정된다고 하는 수역이다. 지구면적의 7할을 점하는 해양 중에서 가장 풍요로운 4할의 부분은 잘게 짤려 국가간에 분할되도록 되었다.

생물자원에 대해서는 연안국에 「보존의무」가 있고 허용어획량을 결정하지 않으면 안된다. 이것이 총허용어획량 즉 TAC(Total Allowable

Catch)라 불리는 것이다. 여기서 제 1장에서 기술한 MSY가 나온다. 해양법조약의 제61조에는「이 보존조치는 환경상 및 경제상의 관련 요인을 감안하여 MSY를 실현할 수 있는 수준에서 어획되는 어종의 자원량을 유지하고 혹은 회복할 것을 목적으로 하는 것이 아니면 안된다」라 기재되어있다. 이와같이 하여 MSY이론=평형이론은, UN의 검은 도장이 찍힌 문서(권위자의 보증서)의 관허의「이론」으로까지 올라간 것이다. 해양법조약의 체약국에는 이「이론」에 따라 EEZ내의 생물자원을 관리할 의무가 생기게 된 것이다. 일본에서는「해양생물자원의 보존 및 관리에 관한 법률」(통칭 TAC법)이 1996년에 시행되어 1997년 1월부터 TAC에 의한 관리가 시작되었다.

이 법률의 제 3조에는「MSY가 실현될 수 있는 수준으로 특정 해양생물자원을 유지하고 또는 회복시키는 것을 목적으로 하여」라 기술되어 해양법조약 제61조와 꼭 같다. 관리의 대상은 현재로는 정어리, 전갱이, 고등어류, 꽁치, 명태, 게, 살오징어 등 7개 분류군이고 2005년의 일본의 해면어업생산량 446만 톤의 37%를 점한다.

평형이론의 형성과정-변동문제

국제해양법조약에 의하여 해양생물자원관리 사고방식의 국제기준에까지 올라간 평형이론, 별명 MSY이론이란 어떤 이론인가 여기서 그 형성과정과 문제점을 설명하자.

19세기의 말까지는 해양의 생물자원은 실질적으로 무진장이라 생각되고 있었다. 영국의 저명한 해양생물학자 T. H. 학스리는 1884년에 런던(London)에서 개최된「어업박람회」의 개회식의 기조연설에서「대구어업, 청어어업, 정어리어업, 고등어어업 등 대부분의 큰 어업의 자원은 무진장이다. 우리가 하는 일은 어류의 수량에 영향을 주는 일은 없다. 어업을 제어한다는 등의 시도도 일의 성질부터 무용이다」라 말하였다. 그러나 저어자원이 풍부한 수역에 어획능력이 높은 어선이 집중하여 조업하게 됨에 따라 이 사고방식은 근본적으로 고치지 않으면 안 되게 되었다. 자원에 대한 어업의 영향을 최초로 보인 것은 대륙붕이 잘 발달하여 저어류가 풍부하게 분포하고 또 영국 등 선진공업국에 둘러싸여 그곳에 입회어장(入會漁場)으로 되어있는 북해(North Sea)였다.

19세기 말에 북해의 트롤(trawl, 저인망)어업에 증기기관(steam engine)과 전개판(otter board)이 도입되어 트롤선의 어획능력이 비약적으로 높아졌다. 전개판(展開板)은 저인망의 좌우 2본의 끌그물에 붙어 그물을 전개하는 판이다 (그림 5-2). 강한 어획의 결과 북해에서는 성장난획(growth over fishing)이 생겨 트롤선의 노력당어획량(CPUE)에 저하가 생겼다. 난획문제의 발생이다.

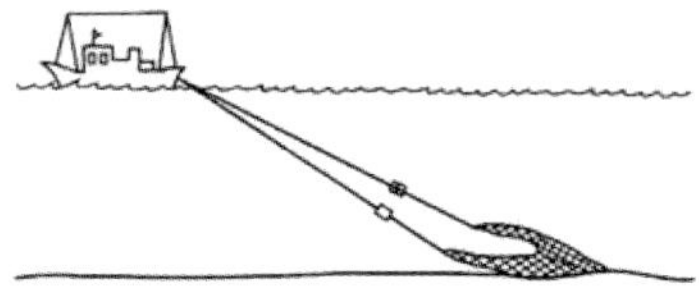

그림 5-2. 트롤(저인망)어업

한편 북대서양의 어업자원에는 또 하나의 문제가 일어나고 있었다. 북부 노르웨이의 봄 청어의 변동문제였다. 북대서양에 널리 분포하는 대서양 청어에는 많은 계통군이 있다. 그중에도 가장 큰 계통군은 노르웨이 서쪽의 노르웨이해(노르웨이와 그린란드간의 해가 Nordic Sea이고 동측 부분을 노르웨이해, 서측부분을 그린란드해라 한다)를 회유하는 「대서양-스칸디나비아 청어, 통칭 노르웨이 봄 청어」이다. 이 청어계통군은 산란을 위하여 이른 봄에 먼 바다(沖合, 연안의 외측에 있는 바다, 근해)에서 노르웨이 북부연안으로 내유한다. 그 어획이 해마다 큰 변동을 하는 것이다.

1902년에 ICES (International Council for the Exploration of the Sea)가 결성되었다. ICES가 맨 먼저 대처한 문제는, 상기와 같은 「난획」 문제와 「변동」문제였다. 이 두 문제가 갈리거나 대립하여 논의되어온 것에 생물자원관리에 대한 이론적 혼란의 뿌리가 있다.

우선 변동(変動)에 대하여 논의하자. 당시 노르웨이의 수산국장 이었던 J. Hjort는 봄 청어의 변동문제에 정력적으로 대처하여 변동의 주원인은 연급 크기(size)의 변동임을 1914년에 밝혔다. 큰 연급(年級)이 출현하면 그것이 장기에 걸쳐 탁월하여 어황을 결정적으로 좌우한다. 그림 5-3에 노르웨이 봄 청어의 1907~19년의 연령조성의 변화를 보인다.

1904년급은 거대한 연급이었다. 이 연급은 1907년(3세어)부터 19년(15세어)까지 어획물의 중심이 되었다. 특히 1910 연부터 14년까지의 5년간은 어획물은 거의 1904년급 만에 의해서 점유되었다.

문제는 이와같은 대 연급형성의 메커니즘이다. Hjort는 다음과 같은 가설을 제출하였다. 「큰 연급은 대단히 빠른 시기에 그 존재를 알 수 있다. 이것은 연급의 자원량(size)이 발생초기에 정해진다는 것을 의미한다. 자어의 입이 열려 먹이를 섭취하기 시작하는 시기 즉 후기자어기에 먹이인 nauplius(동물 플랑크톤 요각류의 유생)가 충분하게 있는가 혹은 없는가에 의한다」 Hjort는 후기자어기를 「결정기」라 부르고 연급 size의 결정요인은 자어와 nauplius의 만남의 확률의 문제라 생각한 것이다.

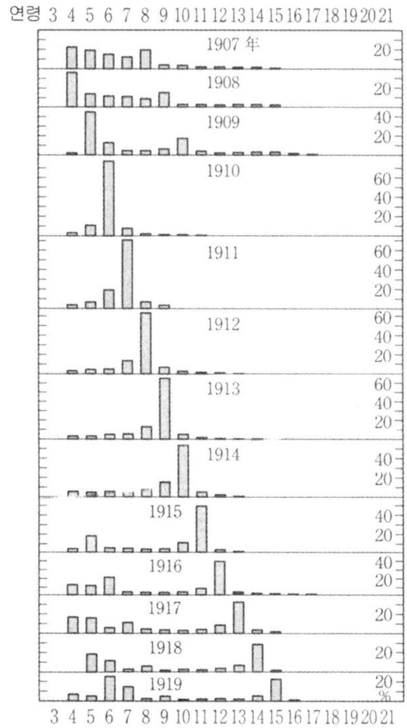

그림 5-3. 스칸디나비아(Scandinavia) 반도연안의 봄 청어의 연령조성
출전) Hjort, 1926

여기서 자어에 대하여 설명하자. 알(卵)에서 갓 부화한 어류를 전기자어(前期仔魚, 卵黃仔魚)라 하는데, 난황(yolk)이 가득 찬 난황낭(卵黃囊)이라는 주머니를 가져 거기서부터 영양을 얻고 있다. 난황이 없어질 무렵에 입이 열려 밖으로부터 먹이를 섭취하게 된다. 이 시기의 물고기가 후기자어(後期仔魚)이다. 그 후 치어→유어→미성어→성어로 발육해 간다. 각 단계를 발육단계라 한다. 그림 5-4에 정어리의 난기부터 유어기까지를 보인다.

그 후 1974년에 영국의 해양생태학자 D. H. Cushing은 일치/불일치

(Match/Mismatch)가설을 발표한다. 이것은 그 정의에 의하면 「가입량 변동의 원인은 1차 생산이 시작되는 시기의 연년의 차이에 의한다」라 하는 것이다. 「각 어종의 산란은 매년 대개 정해진 시기에 행하여진다. 그러나 부화한 자어의 이료(餌料)가 되는 동물플랑크톤 유생의 식물(食物)이 되는 식물플랑크톤이 생산(태양에너지를 이용하여 무기물로부터 유기물이 생산되는 것으로 최초의 생물생산이라는 의미에서 일차생산이라 한다)되는 시기는 해마다 변동한다. 산란기가 1차생산이 시작되는 시기(이것을 춘계대발생기라 한다)에 일치(match)되면 큰 연급이 발생하고 두 시기가 엇갈리면(mismatch) 작은 연급이 된다」라는 가설이다.

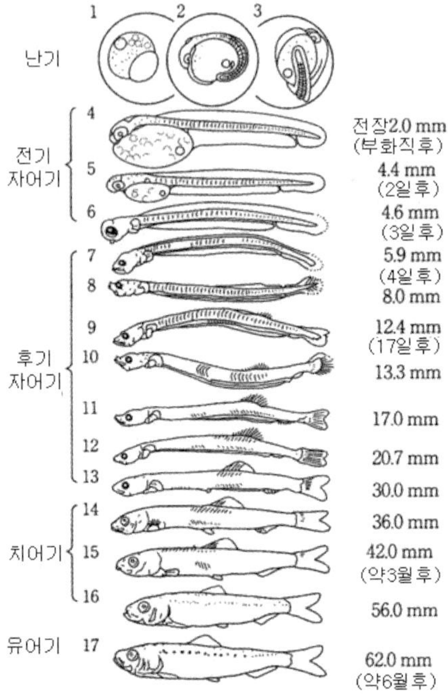

그림 5-4. 정어리의 난, 치자의 발육과정
출전) 内田등, 1958

춘계대발생(spring bloom)은 다음과 같은 것을 가리킨다. 중고위도 수역에서는 동계에 일사(日射)가 약하여 바다의 표층에는 일차생산이 이루어지지 않는다. 한편 동계에 기온이 낮으므로 표층수의 밀도가 커져 상하순환(연직순환)이 일어난다. 그 결과 영양분이 풍부한 하층수가 표층으로 올라온다. 춘계가 되어 일사가 강해지면 동계에 표층에 축적된 영양분을 써서 일차생산이 폭발적으로 시작된다.

Cushing의 가설도 결국은 Hjort의 가설의 재탕으로 우연히 만나는 확률론으로부터 빠져나가지 못한다.

산출된 난의 생잔이 좋은가 나쁜가가 정말 후기자어기에 정해지는 것일까 이것이 문제이다. 제 1장에서 논의된 바와 같이 정어리의 1988 연급의 대량 난은 거의 생존하지 않았으나(그림 1-5), 언제 사망하였는가에 대해서는 동경대학 해양연구소의 와다나베(渡邊良朗)교수 등은 1998년의 논문에서 다음과 같이 기술하였다.

「1988 연급의 1세어의 가입수가 격감하였다는 것은 생활사 최초의 1년간에 대량으로 사망하였다는 것을 나타낸다. 난에서 가입까지 발육단계간의 생물량의 관계를 보면 난과 전기자어, 전기자어와 후기자어기말의 자어 사이에 어느 것이나 정의 상관관계가 보인다. 즉 산란된 난의 양에 전기자어의 양도 후기자어기 말의 자어의 양도 비례하고 있었다. Hjort의 결정기 가설로는 정어리의 자원감소 과정을 설명할 수 없다. 한편 후기자어기 말의 자어의 생물량과 1세 시점에서의 가입량간에 상관관계는 전혀 보이지 않았다. 이와같은 것은 정어리의 가입량(연급군의 수량, size)은 후기자어기라는 이른바 1시기에 정해지는 것이 아니고 그 후 1년간의 누적적 감소과정의 결과로서 정해지는 것을 나타낸다」

이것으로 연급군의 수량(size)이 언제 결정되는가라는 문제의 결착이 났다. 그리고 친어의 수(산란수)와 자어의 수(가입수)와의 사이에는 상관 관계가 없음을 알게 되었다. 새끼들의 수는 어미의 수량 이외의 어떤 요인(factor)에 의하여 정해지는 것이다. 그러나 자원의 변동문제가 이론적으로 최종적으로 해결되기 위해서 체제전환(regime shift)이론의 출현을 기다리지 않으면 안 되었다

평형이론(平衡理論)의 형성과 좌절—난획문제

다음으로 난획문제이다. 난획문제의 존재를 나타낸 것은 제 1차 세계대전에 의한 휴어이었다고 말한다(그림 5-5). 스코틀랜드(Scotland)의 북해 트롤선에 의한 1일당 haddock(대구류의 1 종)의 수양량(水揚量, CPUE)은 1906년에는 610kg이었으나 1914년에는 250kg까지 저하하였다. 그러나 제1차 세계대전(1914~1918년)이 시작되어 조업은 중단되었다. 전쟁이 끝나 조업이 재개된 1919년에는 100시간 조업당 수양량

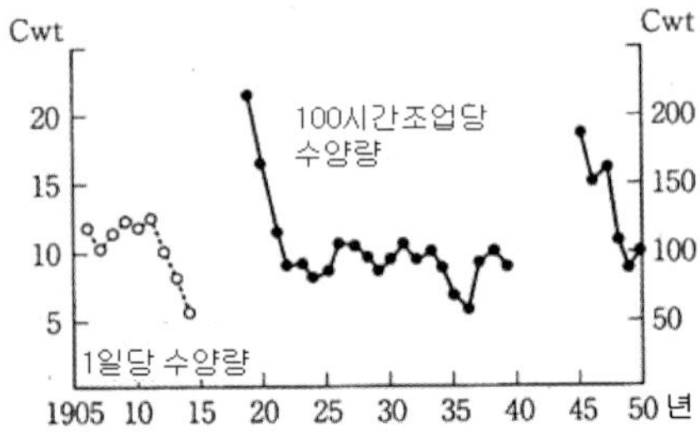

그림 5-5. 스코틀랜드(Scotland)의 북해(North Sea)트롤어업에 의한 haddock 양륙양의 변화
주) Cwt는 중량 단위, 1 Cwt=50.8kg.
출전) FAO, 1967.

(CPUE)은 1160kg으로 뛰어올랐다. 이 값은 그 후 급속으로 저하하여 1922년에는 450kg으로 되었다. 전전과 전후의 CPUE의 단위가 달라 수치를 직접 비교하기 어려우나 전쟁의 전과 후의 차는 확실하다. 이와같은 상황이 난획문제(자원관리문제)의 연구를 재촉하였다.

변동문제에 대한 연구가 정돈(停頓)상태에 빠진 가운데, ICES의 연구의 중점은 난획문제로 기울리고 있었다. 상기와 같이 ICES는 국제기관이고 그 목적의 하나는 북대서양의 국제공동이용자원 관리의 연구였다. 자원을 관리하기위해서는 각국이 합의하는 관리기준이 필요하다. 영국의 E. S. Russell은 자원관리방책을 자원의 증가량과 어획노력량과의 관계로 묘하게 설명하는 수식을 기술한 논문을 1931년에 발표하였다.

Russell에 의하면 어획이 행하여지지 않는 자연상태의 자원(처녀자원)을 생각하면 다음 식으로 된다.

(1년 후의 자원량)-(연초의 자원량)=(자원에의 가입량+자원의 증중량-자연사망량)

자원량은 연년 변화하나 환경변동에 기인하는 자원량의 변화는 무방향 즉 잡음(noise)이라 하여 긴 기간을 취하면 zero(0)라 본다. 즉 식의 환경변동에 기인하는 자원량의 변화에 관한 항의 수치는 zero(0)이다. 이와같이 자연상태에서는 변화하지 않는 자원에 어획을 가하면 자원량은 감소하나 원래의 자원으로 회복하려는 복원력이 작용하여 식의 우변의 가입량과 증중량이 증가하고 사망량이 줄어 우변은 따라서 좌변도 플러스(+)로 된다. 이 플러스부분(자연증가량)을 거기에 맞는 일정한 어획노력량을 가하여 어획하면 연년의 자원량은 변하지 않고 자연증가량과 같은 일정의 어획량을 매년 얻을 수가 있다. 이 어획량이 제 1장에서 기술한 SY이고 최대의 SY가 MSY이다(제 1장, 그림 1-6). 이와같이 자원의 크기(자원량)는 어획의 강도만으로 결정되고 양자는 균형이 잡혀있으므로 이 이론을 평형이론(平衡理論)이라 한다.

평형이론의 근저(root)는 로지스틱(logistic)식이라는 밀도의존식이다. 이 식은 벨기에(Belgium)의 수학자 P. F. Verhulst가 1838년에 인구 증가를 나타내는 식으로 유도되어 아메리카의 생물학자 R. Pearl와 L. J. 리드가 사육조건하의 곤충의 개체수 성장을 나타내는 식으로 1920년에 독립으로 얻은 것이다. Logistic식에서 중요한 것은 환경수용력이라는 사고방식인데 각 종 혹은 개체군에 대하여 환경이 각각을 수용할 수 있는 최대한의 개체수가 있다는 것이다. 이 식에서는 암수 한 쌍으로부터 출발한 개체수는 정지환경(엄밀히 일정하게 관리된 사육조건)하에서 점차 증가하여 환경수용력에 달하면 포화하여 정지개체수(안정개체수 level)가 된다. 환경수용력은 자연상태에서 변화하지 않는 평형이론의 자원량과 같은 것이다. Russell은 Pearl를 방문하여 사사하고 그 후에 상기의 논문을 발표하였다.

Logistic의 식과 같은 인구증가나 사육조건하의 곤충의 증가를 설명하는 식을, 변동하는 자연조건하의 어류나 해산무척추동물(오징어, 문어류나 패류)의 개체수 변동에 적용하는 데는 원리적으로 무리가 있다. 금일의 생태학에서는 logistic식은 개체수성장의 어느 특수한 경우밖에 표현하지 못한다하여 생물학의 기본법칙으로 보는 사고방식은 부정되고 있나(德永幸彦, 2003). 처음부터 단순한 양적 개념으로서의 「환경수용력」이 되는 것이 존재하겠는가.

「지구는 누구를 양육하는 것일까」라는 의론이 있다. 확실한 것은 아메리카와 같은 에너지 다소비, 자원 다소비형의 사회 인구와 1인 1일 1 dollar이하의 생활비로 살아가는 발전도상국의 극빈층 사회의 인구를 동일기준으로 논하는 것은 의미가 없다고 하는 것이다. 제 1장에서 기술한 바와 같이 생물량이 작은 때의 정어리의 개체는 영양상태가 좋고 성장이 좋아 몸이 커서, 큰 회유를 하지 않는 연안어(沿岸魚)이다. 그러나 생물량이 큰 때의 정어리는 개체의 영양상태가 저하하여 성장이 나빠지고 몸이 작은 대회유어(大回遊魚)로 변신한다. 다른 두 상태의 정어리는 마치 별개의 종과 같아 이와같은 질적인 차이를 고려하지 않고 두 정어리사회의 개체수를 단순히 양적으로 비교하는 것은 의미가 없다.

평형이론은 개체수의 증가는 밀도에 의존한다고 한 밀도의존 이론으로, 그 최대의 문제점은 생물량이 큰 때와 작은 때의 개체의 질적인 차이를 고려하지 않고, 자원에 가입하는 새끼들(子)의 수는 어미(親)의 수에 의하여 밀도의존적으로 결정된다고 보고 있는 것이다. 이것은 정어리의 생물량변동에 의하여 명확히 부정되고 있다. 즉 18조의 난수(卵數)로부터 큰 1972년급이 태어나 그 후 정어리 번영시대의 선구가 되었으나 1988년급의 4000조립의 난(卵)은 거의 생잔하지 않았었다(그림 1-5). 가입수를 결정하는 것은 난의 수가 아니고 생잔률이다.

이와같은 이론적 비현실성을 전제로 하여 작성된 평형이론은 ICES에서 각국의 합의를 얻기 위하여 생각해낸 「자원관리를 위한 이론」이고 「자연과학의 법칙」은 아니다. 그것을 과학법칙이라 잘못 읽은 것에 문제의 근저가 있다.

수산자원은 생물의 집단이다. 생물은 환경변동에 대응하여 진화하고 발전하여왔다. 전통적 수산자원학의 치명적인 결함은 자원의 변동요인으로부터 환경요인을 잘라 내버린데 있다. 평형이론에 기초하면 자원의 감소원인은 난획밖에 없는 것으로 본다.

MSY는 세계 공통의 자원관리 기준이 되어 제 2차세계대전후의 양국간 아니면 다국간의 어업협정에 잇달아 기입되어 마침내 국제연합(UN) 해양법조약에 이른 것이다.

MSY자원관리의 역사는 자원관리붕괴의 역사이기도하다. 최초의 큰 좌절은 제 1장에서 기술한 anchoveta에 대한 MSY의 설정이었다.

북태평양의 큰입가자미(halibut, オヒョウ: 전장 2.5m나 되는 가자미과의 대형어)는 미국과 캐나다사이에 1923년에 맺어진 조약에 의거하여, 국제어업위원회에 의하여 관리되어 왔으나, 그 기본적인 사고방식은 어획노력과 CPUE(자원밀도=어획량/어획노력)와의 적(積)은 일정하여

어획노력을 조절함으로써 최대지속적 생산량(MSY)이 얻어질 수 있다고 하는 W. F. Thompson이론(평형이론)이었다. 이 자원관리는 세계에서 가장 빠른 시기에 행하여진 국제협정에 의한 것으로 관리가 성공한 우등생이라고도 연주된 시기도 있었으나, 가입량이 수 십년 규모로 체제전환(regime shift)을 한다는 것이 W. G. Clark 와 S. R. Hare 에 의하여 2001년에 밝혀져, Thompson이론은 종언(終焉)을 맞이했다.

대서양 대구(cod)의 그랜드뱅크스(Grand Banks) 계통군(캐나다, 뉴펀들랜드 근해)은 캐나다정부에 의하여 관리되고 있는 중요한 자원인데 관리의 기초이론은 평형이론이다. MSY에 대하여 어획노력이 상당히 낮게 억제되었음에도 불구하고 1980년대 말이 되어 북대서양 대구의 자원상태는 급속으로 악화되고 그랜드뱅크스 계통군은 1992년 이후 금어(禁漁)로 되어있다. 자원악화의 원이에 대하여 캐나다의 수산자원학자 J. A. 하칭스 와 R. A. 마이야스는 1994년에 「자원의 붕괴는 과잉어획에만 돌릴 수 가 있고, 자연사망율의 증가에 돌릴 수가 없다. 어획에 비하여 환경은 자원의 붕괴에 거의 영향하지 않았다」라고 단정적으로 기술하였다.

체제전환(regime shift)이론의 평가가 과학자들 사이에 높아지고 연구가 폭넓게 진행됨에 따라 상황은 변하여왔다. ICES에 속하고 IPCC(정부간 기후변화 패널)의 위원이기도 한 K. Blander 등은 2006년에 「대구의 금어가 행하여지고부터 10년 이상 경과하였으나 자원의 회복은 전혀 보이지 않는다. 그 주된 이유는 자연사망률의 증가, 성장률의 저하, 가입률의 저하에 의한 쇠퇴일 것이다」라고 기술하였다. 여기에서도 MSY이론의 유효성은 부정되고 있다.

그런데 최근 영국의 Fishing News사로부터 큰 뉴스가 날아왔다(Fishing News International, 2009). 캐나다의 해양과학자들에 의하면, 「Grand Banks의 대구자원이 급속으로 회복되어오고 현재의 산란자원의 biomass는 15만 톤으로 추정된다」는 것이다. Shift가 생긴 것이다. G. 로스는 「1972~95년의 대단히 한랭한 시기 이전의 30년간은 온난한 시기로 상황은 당시로 돌아가고 있다. 대구자원의 증가를 계속시키기 위하여 금어는 당분간 계속할 수 밖에 없다」라 말한다. 「자원이 저수준일 때에는 금어하여 회복을 가만히 기다릴 것이다」라 했으니, 체제전환(regime shift)의 이론에 기초한 자원관리(資源管理)는 이미 시행되고 있다.

일본에서도 오랜만의 낭보(朗報)가 있다. 혹카이도의 오다루시(小樽市)의 쿠마우스해안(熊碓海岸)에서 2009년 3월 1일에 산란을 위하여 몰려오는 청어의 무리로부터 나온 정자(精子)로 바다가 유백색으로 물 드릴 정도로 무리지어 내유한 일(군래, 群來)이 1954년 이래 55년 만에 일어났다. 반세기만의 혹카이도-사하린계 청어의 부활이다. 세계의 바다는 새로운 체제전환에 들어온 것이다. 자원의 회복을 지속시키기 위하여 일본정부는 청어를 금어로 해야 할 것이다. 캐나다에서 되는 일이 일본에서 안 될 까닭은 없다

이상의 설명에서 알 수 있는 바와 같이, 20세기 초부터 바뀜이 없이 병행하여 연구가 진행되어온 변동(fluctuations)문제와 난획(over-fishing)문제는 체제전환(regime shift)이론에 의하여 처음으로 통일적으로 이해할 수 있게 되었다. 해양생물자원은 지구환경시스템의 구성부분으로서 수십년의 시간규모로 변동하고 있으나 이 변동 리듬을 깨지 않는 범위 내에서 어획하는 일이 생물자원의 지속적 이용이고, 변동리듬을 파괴할 정도의 어획이 난획=과잉어획인 것이다.

해양법조약으로 자원을 잘 관리할 수 있을까

바다의 국제법인 UN해양법조약에 의하여 생물자원은 효과적으로 보존, 관리될 수 있을까. 1982년의 해양법조약의 채택 후 27년이 경과하여 채택당시 상상조차 할 수 없던 상황이 발생하고 있다. 생물자원을 해양생태계의 구성부분으로 파악하고 생태계의 지속가능한 이용 이라는 관점에서 자원을 관리한다는 발상은 해양법을 채택한 당시에는 없었다. 현실의 바다에서는 생물자원에 대한 어획압이 강해져 환경의 악화가 진행되고 있다. 배타적 경제수역(EEZ)에 있어서 강한 국가주권이 방해가 되어 자원과 환경의 열화(劣化)가 진행되고 있지 않을까 하는 위구(危懼)가 높아져왔다. 여기에는 두 가지 큰 문제점이 있다.

제 1의 문제점은 EEZ이다. EEZ는 인간의 사정에 의하여 역사적으로 정해진 연안국간의 국경을 기준으로 하여 그 한벌(沖合)을 둘러싼 것으로 바다의 생물학적 수역구분(생태계)과는 관계도 없는 것이다. 해양법조약에 있어서는 연안국은 그 나라의 EEZ에 대한 주권적 권리를 가지고 있어 그 생물자원을 보전, 관리할 의무를 가지고 있다. 또 과학조사에 대한 관할권을 가지고 있다. 실태로서는 권리의 측이 우선하여 다른 나라의 EEZ의 경계를 넘어서 과학조사도 될 수 없는 상황으로 조사능력이 낮은 연안국의 EEZ의 환경정보는 급속으로 적어지고 있다. 그러나 다른 나라는 그것에 대하여서는 참견할 수 없다. 생물자원을 과학적으로 관리하기 위해서는 관리의 대상은 생태계가 아니면 안된다. 그러나 EEZ와 생태계는 일반적으로 중첩되지 않아 EEZ내 자원관리=생태계의 관리로는 안되는 것이다.

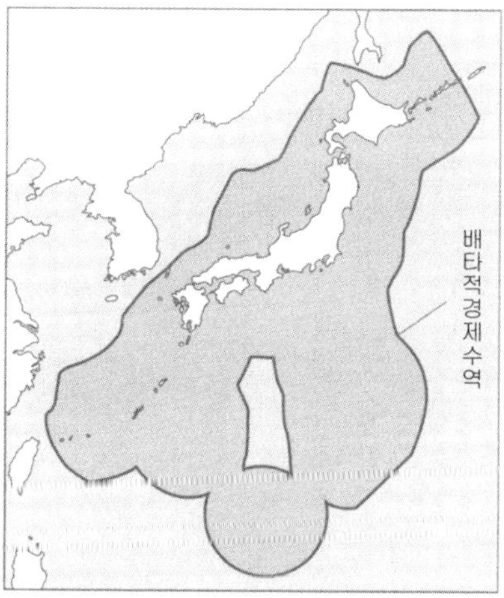

그림 5-6. 일본의 EEZ (배타적 경제수역)
출전) 「朝日新聞」 2008년 11월 16일

구체적으로 생각해보자. 그림 5-6에 일본의 EEZ의 범위를 나타낸다. 제 2장에서 일본주변에는 동지나해, Kuroshio(黑潮), 동해, Oyashio(親潮), 오호츠크 해(Sea of Okhotsk) 등 5개의 생태계가 있다고 기술하였다. 그것을 그림 5-6을 보면서 생각해 보면 각각의 생태계가 EEZ에 의하여 분단되고 있음을 알 수 있다. 동지나해 생태계는 일본, 중국, 한국, 대만의 4개국 지역으로, 동해 생태계는 한국, 북한, 일본, 러시아 등 4개국으로, 오츠크해 및 오야시오(親潮, Oyashio)생태계는 일본과 러시아로 각각 분단되어있다. 분할되지 않은 것은 쿠로시오(黑潮, Kuroshio)생태계뿐이다. 이와 같이 국가관할권에 의하여 세분된 생태계를 어떻게 하여 일체로 관리할 수 있을까. 국제협력에 의하여 총합적으로 관리하는 것은 이상론으로는 말해지나 각각의 EEZ에 강력한 국가주권이 있는 이상 현실문제로는 대단히 어렵다고 말하지 않을 수 없다. 거기서서 막아서는 것은 국제정치의 벽이다.

현실의 상황으로 예를 들어 동지나해에 대해서는 일중, 한일, 한중간에 각각 2국간의 어업협정이 존재하나 한, 일, 중의 다국간의 협정은 존재하지 않는다. 2국간의 협정이라도 과학적인 자원관리에 기초한 것이라고는 말할 수 없다. 즉 실질적으로는 무관리 상태이다. 다른 수역 생태계에 대해서도 사정은 같은 꼴이다. 그래서 생물자원의 심각한 난획이 진행되고 있다고 생각되나 전체상황은 파악되어 있지 않다. 결국 생태계 관리에 의한 자원관리는 아직 안되고 있다.

「제 2의 문제는 MSY 수준에 자원을 유지하고 회복시킨다」고 하는 평형이론에 기초를 둔 자원관리기준이다. 이미 기술한 바와 같이 평형이론은 특수한 조건하에서의 이론으로 환경변동을 잘라버린 MSY라는 고정적인 관리기준은 바다의 어류, 무척추동물에는 적용되지 않는다. 과학적인 논의의 여지가 있는 기준을 국제조약에 포함시켜 해양생물자원관리의 국제기준으로 하여 그 적용을 체약국에 의무화 시킨 것은 문제가 있다고 말하지 않을 수 없다. 생물자원을 관리하기 위한 기초이론은 발전하고 진화하는 것으로 하나의 학설에 기초한 기준을 조문에 포함시키는 것은 과학에의 개입이고 피하지 않으면 안된다.

Regime shift 이론에 기초를 둔 자원관리는 개개의 종개체군의 관리가 아니고 생태계관리로서 MSY자원관리의 반대의 대극(対極)에 있으며 그 관리의 기준은 「생태계구조의 regime shift를 흩뜨리지 않도록 자원을 이용한다」는 것이다. 따라서 생태계가 regime shift의 어느 수준에 있는가에 따라 개체군의 허용어획량이 설정되어야 한다는 것이다.

관리부터 지속가능한 이용으로

1982년에 성립된 UN해양법조약의 「자원관리」사상은 그 후 지구 「환경보전」의 국제적인 흐름과 점차 엇갈리고 있다. 국제연합(UN)의 광장에서 최초로 환경문제가 논의 된 것은 1972년에 스웨덴의 Stockholm에서 개최된 「UN인간환경회의」에서 였다. 이 흐름 중에서 1987년에 UN에 「환경과 개발에 관한 세계위원회」가 설치되어 최근 환경문제의 key word가되는 「지속가능한 개발」의 개념이 제창되었다. 이 개념은「장래 세대의 요구(need)를 손상시키지 않는 형태로 현재 세대의 요구를 충족시킨다」라는 것으로 설명된다. Stockholm 회의로부터 20년이 지난 1992년 6월에 브라질의 리오데자네이로(Rio de Janeiro)에서 「환경과 개발에 관한 UN회의」가 개최 되었다. 이 회의는 「지구정상회담」이라고도 불리고 각국의 수뇌가 참가한 역사적 회의였다. 지구정상회담(summit)은 그 후의 국제적인 지구환경보전의 흐름의 출발점이 되었다.

지구정상회담은 지속가능한 개발을 실현시키기 위한 행동계획으로서 「Agenda 21」이 채택되었다. 이 중에는 대기보전, 삼림, 사막화, 생물다양성, 해양보호, 담수자원 등 분야별 프로그램이 있고 그 실현을 위한 자금, 기술이전, 기구, 국제법의 모습까지 규정되어 있다.

바다의 생태계가 관계되는 생물다양성(生物多様性)에 대한 국제적 국내적 흐름을 보자. 생물다양성조약은 지구정상회담에 앞서 1992년 5월에 채택되어 지구정상회담 관련으로는 낡은 조약으로 1993년에 발효되었다. 2007년 6월 시점에 일본을 포함한 189개국과 EU가 체약국으로 되어 UN 가맹국의 대다수가 가맹하고 있다. 이 조약의 목적은 「지구상의 모든 생물의 다양성을 그들의 서식환경과 함께 최대한으로 보전하고 그 지속적 이용을 실현할 것」으로 되어있다. 즉 생태계보전의 사상이다.

생물다양성조약의 비준국으로서 일본은 대응하는 국내법을 정비할 필요가 있었다. 일본에서는 야생생물에 관한 법률로서 조수보호법(鳥獸保護法), 종의 보존법, 외래생물법 등이 있으나 포괄적인 자연보호법은 없었다. 복수의 법률을 짜맞춤으로써 생물다양성이 유지되지 않겠느냐 하는 것이 정부의 생각이었으나, 절멸의 위험이 있는 생물이 다수 있고 외래종의 위험도 강해짐으로써 포괄적인 법률이 필요하다는 기운이 근년에 이르러 높아졌다. 이렇게 되어 생물다양성기본법이 성립하여 2008년 6월에 시행되었다. 이 법률은 「생태계를 보전하여 생물의 다양성을 해치는 일이 없이 구성요소의 지속가능한 이용을 한다」(제 2조)라 규정하고 있다. 이 규정은 「구성요소」로서 어업자원의 이용에 당연 관계하여 온다. 이 규정은 앞에서 보인 TAC법 제3조의 「특정해양생물자원」의 규정과는 분명히 다르다. 생태학적 요소가 빠진 MSY관리로는 어쩔 도리가 없다.

이와같은 흐름은 국제자연보호연합(IUCN)에 의하여 지정되는 「Red List」에도 영향을 주고 있다. Red List란 「멸종위기에 빠진 생물종의 일람표」란 것인데 1966년 이래 계속하여 작성되고 있다. 현재는 약 16300종의 동식물이 대상이 되어있어 세계의 자연보호운동에 큰 영향을 주어왔다. 그러나 생물종은 고립하여 생존할 수 없는 것이 생태학의 교훈이고 어느 생물종의 존속에는 기타의 종과의 관계가 관여하여 온다. 생물종의 보존을 위하여 종의 보호지정만으로는 불충분하고 생태계보전의 관점이 필요하지 않을까하는 것이 2008년 10월에 스페인의 바르셀로나(Barcelona)에서 개최된 세계자연보호회의에서 문제로 되었다.

1990년대 이후 regime shift이론의 발전을 포함하여 해양에 관한 과학적 지식이 세계 중에 축적되어왔다. 예를 들면 하구기수역의 생태계가 한벌(근해)의 자원과 크게 관련되어있다는 것이 분명해졌다(川과 海, 2008). 한편 MSY라는 기준이 생태학적 요소를 조금도 포함하지 않는 것이 문제 되어왔다. 더욱 EEZ제도에 의하여 과학적 연구에 필요한 해양 자료의 수집이 곤란하게 되어왔다. 이런 상황 중에 생태계에 기초를 둔 해양의 통합적 관리라는 개념이 나왔다. 이런 세계의 흐름을 받아 2007년에 일본에서 해양기본법이 성립되었다. 어업, 운수 등이 분산되어있던 해양의 문제를 포괄적으로 포착하려는 것으로 획기적인 것이다.

이 법률의 목표는 3 가지가 있다. 전 인류적 과제의 선도적 도전, 해양의 지속가능한 이용, 안전, 안심할 수 있는 국민생활의 실현이다.

이상 기술한 바와 같이 해양생물자원에 대한 사고방식은 연안국에 의한 개별자원의 관리라 하는 사고방식으로부터 국제협력에 의한 생태계의 지속가능한 이용이라는 사고방식으로 이행하여 왔다. 지금부터는 이 사고방식에 제도적, 법적 살집을 붙이는 시대이다. 우리들은 이제 새로운 시대의 입구에 서있는 것이다.

제 6 장

일본의 어업은 이제

사진. 대형선망에 의한 고등어 어획

어업생산도, 수입도, 소비도 감소

일본어업은 이제 어떻게 되어있는가. 서론을 이어 이 후의 일본어업의 궤적과 수산물 수입의 추이, 수산물 소비의 상태를 개설하고 일본인의 물고기와 멀어짐(魚離れ)의 이유를 생각하고 어업을 둘러싼 상황을 설명하고 나서 정어리, 고등어를 주로 어획하는 선망어업의 현상에 대하여 기술한다(그림 6-1).

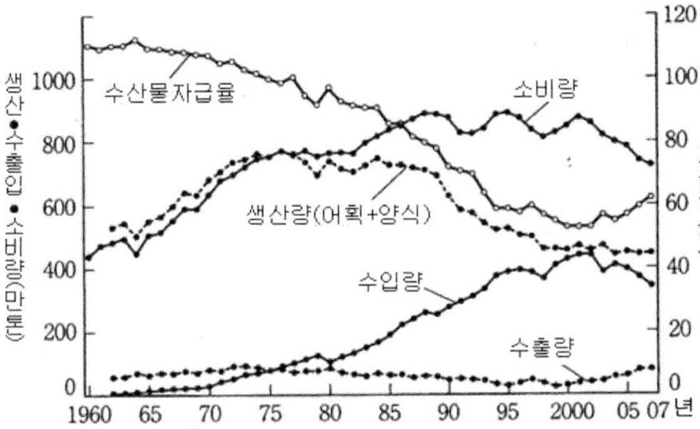

그림 6-1. **식용수산물생산량, 수입량, 수출량, 소비량, 자급률의 추이**
출전) 일본 농림수산성 홈페이지

어업과 양식업에 의한 생산량으로부터 사료나 비료용으로 쓰인 사비료(飼肥料)를 차감한 일본의 수산물 생산량은 1976년의 769만 톤을 최대로 하여 감소하기 시작하여 2000년에는 452만 톤이 되고, 수산물자급률은 1964년에는 113%이었던 것이 2000년에는 53%까지 저하하였다. 생산량이 감소한 원인은 정어리어획량의 급감과 함께 기본적으로는 일본어업의 쇠퇴이다. 그 감소를 보충하도록 수산물의 수입이 급증하여 2002년에는 442만 톤에 달하고 그 해의 식용수산물 생산량 455만 톤과 거의 같다. 식용수산물 생산량은 그 후에도 감소하여 2007년에는 448만 톤이 되나 증가하여 온 수입량은 2003년에 감소로 돌아 2007년에는 346만 톤으로 저하하고 식용수산물 생산량과 크게 벌어져 온다. 수산물의 소비량은 1989년에는 892만 톤까지 증가하고 그 후는 증감하면서 평행

이었으나 2002년부터 감소하기 시작하여 2007년에는 725만 톤으로 저하하였다. 물고기와 멀어짐(魚離れ)이 시작된 것이다. 한편 어업생산의 제 경비가 앙등하고 있으나 어류의 가격은 침체상태를 벗어나지 못하고 있다.

이와같이 2002년을 전환점으로 어업생산력, 국제경쟁력, 국민의 소비력의 3자가 병행하여 저하하게 되는 지금까지 없던 국면으로 들었다. 그 결과 생긴 것이 수산물자급률의 급속한 반전상승이고 2007년에는 62%로 회복하였다. 자급률은 「생산량/소비량」이므로 생산량이 감소하고 있음에도 불구하고 자급률이 상승한다는 것은 소비량의 저하속도가 생산량의 저하속도를 상회하고 있음을 의미한다.

감소한 생산량의 회복을 목표로 하여 2002년에 수산청이 정한 수산기본계획에는 2012년의 식용어패류의 자급률 회복목표가 65%였다. 그러나 생산량이 감소하고 있으니 자급률은 이 목표에 접근하고 있다. 자급률 상승의 원인이 생산량의 증가에 있지 않고 소비량의 저하라는 것은 무엇인가 피상적인 것이다.

일본어업이 쇠퇴하고 있다는 것을 전형적으로 나타내는 것은 어업취업자수의 감소와 고령화이다. 취업자수는 1970년에는 55만 인이었으나 2007년에는 20만으로 감소하였다. 1962년에 50% 이상이었던 39세 이하의 젊은 어업자의 비율은 2007년에는 14%까지 감소하고 1985년에는 20% 이하였던 60세 이상의 고령자의 비율이 2007년에는 48%로 증가하였다. 어업 취업자 수가 전 생산업 취업자 수에서 점하는 비율은 1970년에는 1.1%였으나 그 후 저하를 계속하여 2005년에는 0.4%로 되있다. 어업을 맡을 손이 없어져 온 것이다.

어업자의 소득에 점하는 어업소득의 비율을 나타내는 어업의존도는 1970년대 초에는 70%였으나 근년은 45%전후로 저하해버렸다. 어업이 부업화 되어왔다. 어업자의 소득은 1970년대에는 전 근로자의 평균소득을 상회하였으나 1980년대 중반이후는 하회하게 되었다. 어업으로는 생활을 할 수 없게 된 것이다. 일본 어업은 냉엄한 시대에 들어선 것이다.

진행되는 물고기와의 멀어짐

위에서 기술한 물고기와 멀어짐(魚離れ)의 내용을 검토해 보자. 먼저 「연간 1인당 식용어패류공급량」을 보자. 여기에는 근년 크게 신장하고 있는 외식이나 중식(조리가 완료된 식품)도 모두 포함되어 있다. 그 최대는 1988, 89년에 72kg이었으나 그 후 이 값이 오르고 내리며 감소하여 특히 2001년부터는 확실히 떨어져 2005년에는 61kg으로 저하하였다. 「연간 1인당 생선어패류구입량」은 1979년의 14.8kg부터 크게 떨어져 2006년에는 12.3kg이 되었다. 「어패류의 연간1인당지출」은 1992년의 4만엔부터 2005년에는 2만9000엔이 되었다. 「어패류지출이 식료지출에 점하는 비율」은 1980년의 14%로부터 2005년에는 10%까지 저하하였다. 물고기를 사지 않게 되었다. 특히 1993년부터의 떨어짐은 심하다. 매입한 물고기의 1kg당 금액을 보면 1991년, 92년에는 1700엔이었던 것이 2004, 05년에는 1400엔까지 내렸다. 값이 싼 물고기를 소량 구입하게 된 것이다.

일본인이 섭취한 동물단백질의 1인1일당 섭취량을 수산물과 축산물로 나눠 1960~2006년의 거의 반세기의 기간에 대하여 조사했다. 1960년에는 수산물 14.6g, 축산물 6.8g 계 21.4g으로 수산물이 압도적으로 많다. 그 후 일본인의 영양상태는 크게 개선되어 단백질 섭취량은 눈에 띄게 증가해갔다. 주역은 축산물이다. 1971년에는 수산물을 앞질러 신장을 계속하여 1995년에는 28g에 달한다. 수산물도 신장하여 1994년에는 20g을 넘었다. 합계양의 peak는 1995년에 48.8g이다. 1990년대 중반이후는 단백질 섭취량은 정체해온다. 그래서 2002년부터 감소하기 시작한다. 그 내용을 보면 축산물은 28g 수준으로 평행이나 감소해온 것은 수산물이다. 수산물은 2001년의 21.3g에서 급강하하여 2006년에는 17.1g이 되어 5년간에 4g이상 감소하였다.

수산대국 일본의 어류소비량이 왜 이렇게 감소해 왔을까. 우선 수산청의 설명을 「수산기본계획(2007)」으로부터 보기로 하자. 「수산기본계획」이란 수산기본법(2001년 제정)에 기초하여 「수산물의 안전공급의 확보 및 수산업의 건전한 발전이라는 기본이념의 실현을 위하여 수산에 관한 시책의 종합적 및 계획적 추진을 도모하도록」 만들어진 것으로 거기에서의 현실 인식은 금후 수산시책의 기본이 되는 중요한 것이다. 거기에는 「수산물 소비량이 크게 감소하고 있는 요인으로는 어패류가 어린이들로부터 멀어지고 있는 것이 가정에 있어서의 식생활에 영향을 미치고 있다는 것과 먹기 간편한 것을 비롯한 소비자 필요성의 변화에 국내 생산, 공급이 충분히 대응되어 있지 않다는 등을 들 수 있다」라 써져 있다. 과연 그런 것일까.

저자는 물고기로부터의 멀어지는 원인은 근로자의 소득이 감소하여 왔던 것이라 생각한다. 근로자세대의 실수입의 연년의 변화를 보면 1997년의 60만 엔을 최고로 하여 크게 감소하여, 2007년에는 53만 엔이다. 소비자는 수산물의 값이 아주 비싸다는 감(割高感)을 가지고 있다. 농림수산성이 2007년도에 실시한 식료품 monitor조사에서는 「어패류에 대하여 느끼는바」에서 가장 많았던 것은 「가격이 높다」로 55%를 점하였다. 「어린이의 물고기 싫어함」도 「필요성의 변함」도 아니다. 소득이 줄어서 우선 수산물을 살 것을 기다리기 시작한 것이다. 여러 지표에서 수산물의 소비량은 특히 2002년부터의 큰 변화가 눈에 띈다. 축산물의 소비는 크게 변동하지 않는다. 어류를 사지 않게 된 것은 일본인이 가난해진 것과 가장 강하게 관련되었다고 생각된다.

정어리, 고등어를 잡는 선망어업

일본어업이 쇠퇴하는 중에 정어리, 고등어를 주된 어획대상으로 하는 권망/ 선망어업(卷網/旋網漁業)은 어떻게 되어 있는가(그림 6-2). 선망어업의 총 어획량의 추이를 보면 1960년대 후반부터 증가하기 시작하여 1980년대 후반에 peak가 있고 그 후 감소하고 있다(그림 6-2의 (1)). 이 추이는 정어리, 고등어류 어획량의 변화와 잘 닮아있고 정어리와 고등어의 지원변동을 반영하고 있다. 이것으로도 선망어업이 정어리, 고등어를 주 target로 하고, 바꿔말하면 이 두 종에 의존하고 있는 어업인 인것을 알 수 있다.

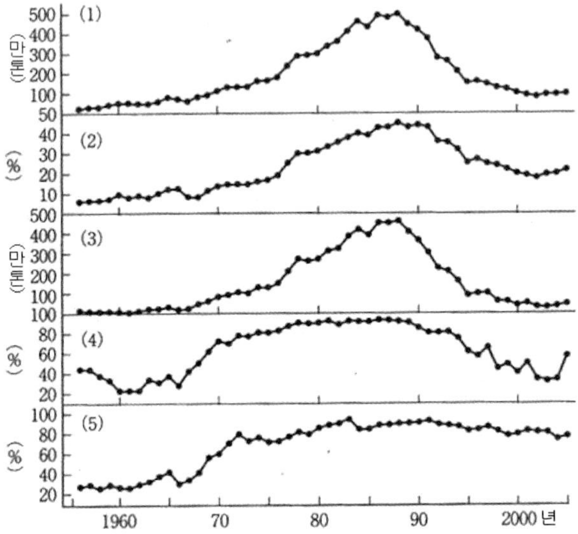

그림 6-2. 정어리, 고등어류를 중심으로 하는 1척 선망어업 생산량의 시계열

(1) 선망어업 총생산량

(2) 선망어업 총생산량(1)이 일본의 어업총생산량에 점하는 비율

(3) 선망어업에 의한 정어리, 고등어류 생산량

(4) 선망어업에 의한 정어리, 고등어류 생산량(3)이 선망어업 총생산량(1)에 점 하는 비율

(5) 선망어업에 의한 정어리, 고등어류 생산량(3)이 일본어업에 의한 정어리, 고등어류 총생산량에 점하는 비율

선망어업 총생산량이 일본의 어업총생산량에 점하는 비율은 1960년대에는 10%정도였으나 1970년대에 들어서 정어리, 고등어 생물량 증대와 함께 상승하여 80년대 후반부터 90년대 초에 걸쳐 45%에 달하여 선망어업은 일본의 어획어업 생산량의 반분가까이를 점하는 대어업으로 발전하였다. 그 후 정어리자원의 급속한 감소와 함께 이 비율은 저하하나 근년에도 20%대를 지키고 있다(동 2)

선망어업은 1960년대 후반이후 정어리, 고등어자원에 대한 의존도를

높이어 이 양종이 어획물에 점하는 비율은 70년대부터 90년대를 통하여 90%에 달하였다. 확실히 정어리, 고등어 전획어업이 되었던 것이다. 이들의 생물량이 적어진 근년에도 이 비율은 30%를 유지하고 2005년에는 60%로 뛰어올랐다(그림 6-2의(4)).

옛날에는 고등어는 주로 낚시어업이나 유자망어업에 의하여 어획되었다. 1960년대 후반부터 정어리, 고등어가 선망어업에 의하여 어획되는 비율이 높아져 80년대 이후는 80~90%로 되었다(그림 6-2의 (5)). 이와 같이 된 큰 이유는 어군을 포위하여 배에 끌어올리는 기술과 장비가 크게 향상되어온 것이다. 가다랑어, 다랑어를 어획하는 선망에 있어서도 어획량은 근연 크게 증가하고 있다. 이렇게 하여 선망은 정어리, 고등어자원에 대하여 주요 책임이 있는 어업이 된 것이다.

그렇다면 정어리, 고등어 자원 상황은 어떠할까. 정어리 자원은 1988년의 어획량 449만 톤을 peak로 하여 저수준기에 들어 어획량은 1998년에 17만 톤으로 감소하였다. 1999년에는 35만 톤으로 일시적으로 증가하였으나 강한 어획압력 때문에 다시 하강하여 2002년 이후는 2~8만 톤으로 하위에서 맴돌고 있다. 정어리의 어획율(어획량/자원량)은 1970~80년대의 자원의 고수준기에는 10~20%였으나 90년대 이후의 저수준기에는 30~65%로 극단적으로 높아졌다. 0, 1세어의 어획비율은 80%에 달하고 있다.

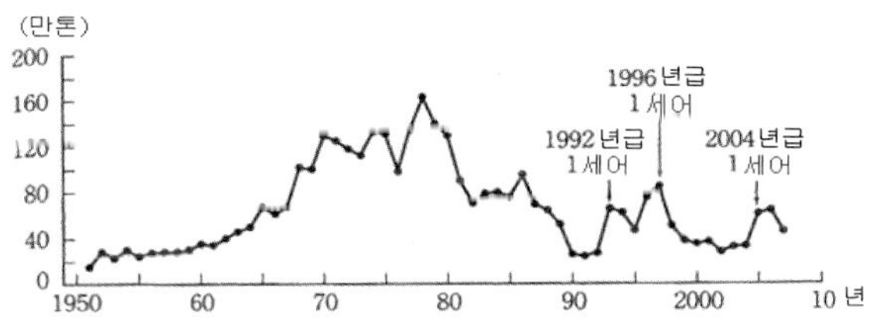

그림 6-3. 고등어류어획량의 경년변동

20세기후반의 고등어류(주체는 고등어)의 어획량의 변동을 살펴보자 (그림 6-3). 고등어의 생물량은 1950년대 초부터 체제전환(regime shift)의 상승국면에 들어 1970년대 후반에 최고에 달하고 그 후 감소국면에 들어 1990년대 초에 최저가 되고 반전증가가 기대되었다. 그 후의 경과를 보면 1992년급의 가입량이 컸으나 93~94년의 강한 어획압에 의하여 95년에는 생물량은 감소하였다. 그 다음의 1996년급은 대단히 큰 연급이었으나 이것도 96~97년의 강한 어획에 의하여 생물량의 증대에 연결될 수가 없었다. 2004 연급은 8년만의 대단히 큰 연급이었으나 이것도 2005, 06년의 강한 어획에 의하여 생물량은 감소하였다. 이와같이 1990년 이후 고등어의 생물량 변동을 보면 큰 연급의 가입이 있을 때마다 강한 어획이 가해져 생물량이 체제전환의 상승기류에 편승하지 못함을 보이고 있음을 알 수 있다. 마치 「두더지 두들김」이다. 이 경우에도 1990년대에 들어서의 어린 어류에 대한 다획이 문제로 되었다(그림 6-4).

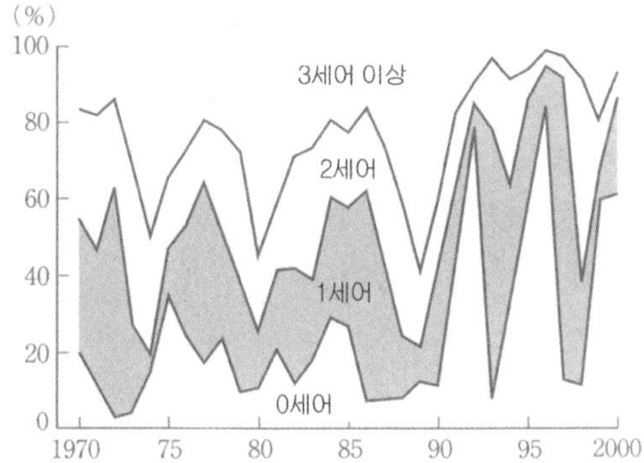

그림 6-4. 대 · 중형선망어업에 의한 고등어 태평양 계통군의 연령별 어획비율의 추이
출전) 일본수산청, 2001

이와같이 과혹한 어획이 일본어업의 쇠퇴와 병행하여 진행되고 있다. 대 · 중형선망어선의 통수는 정어리, 고등어 자원의 쇠퇴와 함께 크게 감소하고 있다. 한편 연간 총항해수를 통수로 나눈 1개 통당 연간 항해수는 정어리, 고등어의 자원량이 컸던 1986년의 76.8항해를 peak로 일단 감소하였으나 1990년대 중반기부터 다시 증가하여 2004년에는 89.7항해로 되어있다. Piston 조업을 하고 있는 것이다. 게다가 과잉 장비나 어획기술의 향상이 연년 진행되고 있다. 10년 전의 1개통에 비교하여 금일의 1개통의 어획노력은 크게 증강되어있다. 살아남은 선망어선은 중장비화를 진행하여 물론 살아남기 위하여 작아진 자원의 쟁탈전을 거듭 확대하고 있다. 작은 자원으로부터 과혹하게 어획하여 다시 자원을 작게 하는 악순환을 진행하고 있다.

어업이라 하는 것은 생물자원이라 하는 해양생태계의 구성부분을 바다에서 제거하는 산업이므로 큰 어획압력은 생태계 전체를 파괴하지 않을 수 없다. 미성어의 난획으로 특정어종의 생물량이 낮은 수준의 상태가 계속되면 영향은 그 어종에 그치지 않고 복수의 어종으로 구성되어 일정한 질서 하에 이들 어종이 상호작용하면서 변동하고 있는 어류군집의 변동시스템까지도 파괴해 버릴 가능성이 있다.

제 4장에서 기술한 바와 같이 일본근해를 포함하는 북서태평양의 부어군집은 정어리를 중심으로 하여 수 십년 규모로 어종교대를 하고 있다(그림 4-9). 따라서 이중의 특정어종의 생물량변동이 순조롭게 진행되지 않으면 어종교대의 시스템 전체가 파괴되는 위험이 있다. 이것은 바로 해양생태계의 파괴와 다를 것 없다.

자원은 어떻게 관리되고 있는가

여기서 어업자원의 관리시스템에 대하여 설명하자. 어업자원을 관리하기 위하여서는 그것을 어획하는 어업을 관리하지 않으면 안된다. 어업관리에는 두 가지 접근법(approach)이 있다. 일본의 전통적인 접근은 투입량규제(投入量規制)로 입구규제(入口規制)라고도 불린다. 이것은 어획노력을 규제하는 것으로 잠인제한(參人制限), 척수제한(隻數制限), 마력, 조업기간, 조업회수, 시산, 어구의 종류, 규모 및 수량 등이 제한된다. 이 때문에 연안에서는 두(都), 도(道), 부(府), 현(縣) 지사에 의하여 어업협동조합(어협)에 대하여 어업권(漁業權)의 면허(免許)가 행하여지고, 한벌(근해)에서는 농림수산대신 혹은 도(都), 도(道), 부(府), 현(縣)지사에 의하여 어선에 대하여 어업허가(漁業許可)가 행하여진다. 일본의 법률은 대개가 구미로부터 들어온 것이 원형으로 되었으나, 어업법(漁業法)만은 일본의 전통적 관습에 기초하여 제정되었다. 특히 이 입

구규제는 일본 독특의 어업관리제도로 「해안은 지방에, 한벌은 입회」「磯は地付き, 沖は入會」(德川幕府 「山野海川入會」)라 하는 토구가와(德川)시대부터의 관습이 메이지(明治)중기에 어업법으로 성문화 된 것이다. 「磯は地付き」라 하는 것은 연안의 지선의 자원에 대해서는 그 연안에 사는 어민에 배타적인 이용의 권리가 있다고 하는 것이고, 「입회」라 하는 것은 한 벌(근해)에서 「일정한 지역에서 온 어선이 특정한 권리를 가지고 일정 수역의 자원을 공동으로 이용하는 것」이다.

연안의 어업권어업에서는 어협의 조합원이외는 어업을 할 수 없으며 착실하게 한 어협에 의하여 노력량이 유효히 관리된 예가 많다. 예를 들면 하천이나 호소의 바지락어업은 선박의 크기, 어구의 종류, 조업시각 등이 엄격히 관리되어 해마다 안정된 어획을 올리고 있는 곳이 많다. 이것에 대하여 한 벌(근해)에서 어업허가에 기초한 노력량관리는 상당히 어렵고 척수 등을 제한하여도 먼저잡기경쟁(先獲り競爭)때문에 어떻게 해도 과잉장비를 불러오기 쉽고 어획압이 강해지기 쉽다는 문제가 있다.

투입량 규제와는 달리, 산출량규제(産出量規制)는 어종별어획량의 상한을 설정하는 것이고 출구규제(出口規制)라 불리고 구미에서는 이전부터 이 관리방식이 주류이다. 예를 들면, 알라스카의 홍연어(ベニザケ, sockeye/red salmon, *Oncorhynchus nerka* (Walbaum))어업에서는 누구나 연어를 어획할 수 있고 연안에 몰려온 연어에 대하여 「ready go」로 일제 어획이 시작되고 TAC에 달하면 종어(終漁)한다. 올림픽(Olympic) 방식이라고도 한다. 제 5장에서 기술한 바와 같이 일본에서는 출구규제는 「총허용어획량(TAC)법」으로 하여 1996년에 도입되었다. TAC는 일본에서는 다음과 같은 절차를 밟아 결정한다.

① 일본수산청의 외부단체인 수산청총합연구센터가 생물학적 허용어획량(ABC, Acceptable Biological Catch)를 산정한다. ABC는 이론적으로는 문제가 있는 평형이론에 바탕을 두고 계산되고 있다.

② 전국자원평가회의에서 ABC에 바탕을 둔 관리방책이 제시되어 어업자와의 의견교환이 이루어진다.

③ 이 의견교환을 근거로, 어업경영 등의 사정을 감안하여, 수산정책 심의회의 자원관리 분과회의에서 TAC가 결정된다.

이 「어업경영 등의 사정을 감안하여」라 하는 것이 수상한 것이다. 여기서 ABC가 무시되고 자원을 난획에서 마땅히 지켜야할 TAC제도가 알맹이가 빠진 것이 된다.

많은 연구자가 1990년 이후의 강한 어획압이 정어리, 고등어의 자원회복을 방해함에도 불구하고 자원관리정책이 그것에 대응하지 않고 있다고 경고하고 있다. 「이 정도까지 자원이 감소하면 전면 금어하는 것이 국제적인 자원관리의 상식인데도 매년 TAC를 정하여 어획을 계속하고 있는 현상은 정이리의 난획을 허용하는 어획량을 정하고 있는 것과 같은 것」이라고 동경내학 해양연구소의 와다나베(渡邊良朗)교수(2006)는 매우 강조한다. 「금후에도 고등어의 미성어를 계속 난획하면 자원은 영구적으로 회복하지 않을 가능성까지 시사되었다」라고 요꼬하마(横浜)국립대학의 마쓰다(松田裕之)교수(2005)도 지적한다.

매스컴도 경종난타이다. 2007년 1월 16일자의 아사히신문(朝日新聞)은 「일본수산청의 보증으로 정어리 난획」(水産廳 イワシ「亂獲」 お墨付き)이라는 표제로 다음과 같은 내용이 써져있다. 「수산청이 ABC를 대폭 상회하는 TAC를 설정하였다. 2001, 02년에는 일본근해의 정어리 자원량을 훨씬 상회하는 TAC를 설정하였다. 2002년에는 28,000톤의 ABC에 대하여 약 12배의 342,000톤의 TAC가 설정되었다. 이 2년의 자원량 추정치는 214,000톤이었다. 실제로 양륙된 어획량도 2002, 04, 05, 06년에는 ABC를 넘고 있다. 수산청이 어획자원의 「난획」의 보증서를 주고 있는 상황이다」. 이 경고기사는 2008년 9월 14일에는 「바다를 텅 비우게 하지 말라」라 하는 사설로 격상되었다. 사설은 「현행제도는 난획의 온상」이라 하여 「태반의 어종에서 허용량을 넘는 어획할당량이 만성적으로 설정되고 있다. 그 중에서도 정이리의 초과가 심하고 정부가 난획의 선긋기(線引き)를 한다고 히고 난획을 용인한다. 국제소약에 위반힌다고 말 들어도 도리가 없겠다. 급히 고치지 않으면 안된다」라고 주장하고 있다.

그렇다면 어떻게 하면 좋을까. 저자는 행정기관으로부터 독립한 과학자의 상설위원회를 만들어 거기서 생물자원의 평가를 하고 그것에 기초를 두고 TAC원안을 작성하여 정부에 그 실시를 권고하고 그것을 정부가 존중하는 메커니즘을 만들 필요가 있다고 생각한다. 지구온난화문제에 있어서 IPCC(정부간 기후변화 패널)의 어업 국내판이다. 현재는 과학이 선행하여 그것을 정치가 따라가는 시대인 것이다.

북서태평양의 정어리, 고등어자원은 현재 체제전환(regime shift)의 저수준기에 있다. 정어리는 전면금어(全面禁漁), 고등어는 어획량을 될 수 있는 대로 낮게 억제하지 않으면 안 된다. 이렇게 하여 탁월연급이 출현하여 자원이 상승기류를 타는 날까지 기다리는 것이다. 실 예는 미국 캘리포니아에 있다. 캘리포니아 주정부는 저수준기에 들은 1967년부터 1985년까지의 19년간 정어리를 금어하였다. 그 후에는 엄밀한 어업규제가 행하여지고 있다. 이것들은 거의 과학조사에 기초하여 실시되고 있다. 정어리는 증가하기 시작하여 1999년에는「1940년대 중반 이래 처음이며 완전히 부활하였다고 생각한다」라고 하는 부활선언이 행하여졌다(CalCOFI, 1999). 정어리는 체제전환의 상승기류를 타고 생물량의 증가는 현재에도 계속되고 있다(그림 4-9).

금어(禁漁)에 의하여 곤란해진 어업자의 생활유지에는 정부가 책임을 가진다. 지구환경을 지키면서 국민의 생활은 보장하지 않으면 안 된다. 어업에 있어서도 이제 틀림없이 정치가 거론되고 있는 것이다.

결 론

바다로부터 지속가능성을 생각한다

-온난화와 체제전환 (regime shift)-

사진. 1977년 일본에서도 배타적경제수역이 설정되어, 200해리 규제가 본격화되었다. 일. 소어업교섭이 난항하던 당시, 북양을 쫓던 근해(沖合)저인망어선이 줄지어 있다. 바다와 어류의 이용은 지금부터 어떻게 될 것인가.

세계의 어업생산의 현상을 어떻게 평가할 것인가

세계의 동물단백질 섭취량에 점하는 수산물의 비율은 근년에는 20%를 상회하고 있으며 수산물은 세계 사람들의 영양원으로 대단히 중요한 것으로 되어있다. 세계인구는 1970년의 37억 인으로부터 2005년에는 65억 1000만인으로 이 사이에 76%증가하였다. 한편 세계의 어업생산량(어획+양식)은 같은 기간에 6700만톤에서 1억4200만톤으로 증가하여 112% 늘었다. 이 숫자만을 보면 어업생산량의 증가율은 인구증가율을 대폭 상회하고 있게 된다. 어업생상량의 이 같은 큰 증가는 주로 중국에 의하여 초래된 것으로 중국의 어업생산량은 이 기간에 380만 톤에서 4970만 톤으로 실로 13.1배라는 믿기 어려운 증가를 보이고 있다. 2005년에 있어서 세계의 어획 어업생산량의 35%를 점하기에 이르렀다.

중국의 1970년의 어업생산량은 249만 톤이었으나 2005년에는 1710만 톤으로 6.9배의 증가이다. 그러나 중국어업의 조업수역은 전통적으로 황해 ,동지나해, 남지나해로 이것이 비약적으로 확대되었다는 정보도 없이 이와같은 높은 생산량은 아무래도 있을 것이라고 생각되지 않는다. 중국을 제외하면 세계의 어획어업생산량은 이 기간에 6320만 톤에서 9210만 톤으로 46%증가에 불과하여 인구증가율을 크게 밑돌고 있다. 결국 세계 사람들의 식량에대한 어업생산의 기여 평가가 중국을 포함하는가 안는가에 따라 정(plus)으로부터 부(minus)로 180도 변해버린다는 것이다. 중국 어업생산량의 이상한 증가가 현저한 과대추정이라는 것을 세계의 많은 연구자가 지적하고 있다. 이 과대추정은 물을 타서 양을 늘림과 비슷한 것이다. 수량을 실제보다 불린 가장 큰 이유는 중앙행정기관에 의하여 연초에 미리 설정된 어획량의 성장률에 대해서 연말에 그 성장률 아니면 그이상의 성장률이 달성된 것같이 생산량통계를 조작함에 의하여 자기 앞의 행정장관이 평가되도록 하기위한 것이다. 이런 사정으로 FAO는 세계의 어업생산동향을 검토시 중국을 제외하고 행하는 경우가 많다.

세계의 어획어업생산량의 변화를 FAO가 통계를 잡기 시작한 1950년

이후에 대하여 보면(그림 결론 1), 1980년대의 후반까지는 순조롭게 증가하고 있다. 그 후는 중국을 넣으면 서서히 증가하나 제외하면 하강 경향으로 변하고 있다. 어떻게 하던 80년대 후반이 생산동향변화의 분기점이다. 이와같은 정체 혹은 하강이 왜 생겼는가에 대한 평가는 과학적, 객관적으로 이루어질 것 같이 생각되나, 실은 간단한 일은 아니다. 왜 그러냐하면 자원변동의 평가기준이 과학적으로 확립되어 있지 않고 더욱 평가자체에 국제정치가 관여하여 오기 때문이다. 여하간 FAO가 격년으로 공표하고 있는 「세계어업·양식업의 현상 2006년」의 설명을 보자.

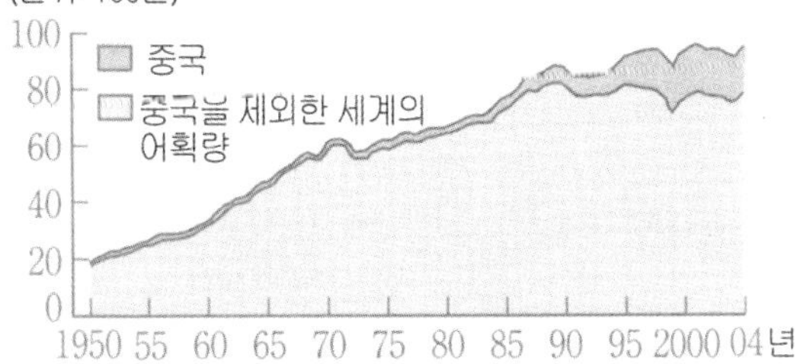

그림 결론 1. 세계의 어획어업의 생산량의 추이
출전) FAO, 2006

「1970년대와 1980년대에 「난획=과잉어획상태」및 「쇠퇴상태」의 자원이 대단히 증가하였으나 그 후 이와같은 상태의 자원의 비율은 변화하지 않는다. 2005년에 있어 약 1/4의 자원은 「미개발 3%」이거나 「개발도상」 20%이다, 약 반분(52 %)의 자원이 「만한(滿限)=완전이용」 상태(MSY 단계), 나머지 1/4은 「난획」상태(17%), 「쇠퇴」상태(7%)이거나 회복 도상(1%)이다. 세계해양 어획어업생산량(8580만 톤, 2004년)의 30%를 점하는 생산량에서 10위 이내(top ten)의 어종은 만한(MSY)상태 이거나 난획상태로 그이상의 생산증가는 기대되지 않는다」.

결국 자원의 8할 가까이는 최대한으로 이용되고 있거나 과도어획으로서 세계의 해양생물자원이용은 자원의 한계에 달하고 있다고 볼 수 있다.

그러나 이 판정기준은 적당한 가감으로 근년의 경년변화에서 어획량

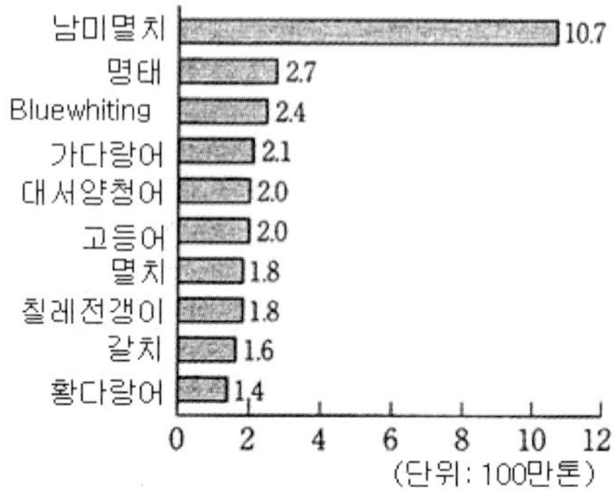

그림 결론 2. 2004년의 상위 10 (top ten)의 어종의 생산량
출전) FAO, 2006

이 증가 경향이면 「개발도상」, 높은 상태에서 평행이면 「만한」, 감소경향이면 「난획」, 낮은 상태에서 평행이면 「쇠퇴」, 감소경향에서 증가경향으로 전환되어 있으면 「회복도상」이라 하는 것으로 어획량의 변화를 SY곡선(그림 1-6)에 맞춘 것에 불과하다. 마치 그림을 그린 것과 같이 생태학적 요소가 빠진 평형이론에 의한 자원평가이다. 상기의 상위 10(top ten)어종을 그림으로 나타내었는데(그림 결론 2) 그들은 Anchoveta (남동태평양), 명태(북태평양), blue whiting(대구과 어종, 북대서양), 가다랑어(전 해양), 대서양청어(북대서양), 고등어(전 해양), 멸치(북서태평양), 칠레 전갱이(남동태평양), 갈치(서태평양), 황다랑어(전 해양)이다. 이중에서 생산량은 그림에서 보이는 대로 청어, 멸치, 고등어, 전갱이 등의 소형 부어류의 합계량이 압도적으로 많아 top ten의 2/3을 점하고 대구류, 가다랑어, 다랑어류로 이어간다. 소형부어류는 생산량 1068만 톤의 anchoveta를 비롯하여 거의가 큰 regime shift를 반복하고 있는 어종으로 이들 어종에 MSY라는 정지기준에 기초를 두고 「만한(滿限)」이나「난획」을 적합시키는 것 자체가 과학적이지 않다. 가다랑어도 자원적으로는 여유가 있다고 생각되고 있다 (「平成 18년도 국제어업자원의 현황」일본 수산청수산총합연구센터). 10대 어종이 만한상태나, 난획상태에 있다고 하는 FAO의 자원평가를 그대로 따라 흉내 내는 것은 안된다.

생물자원 상태 평가를 둘러싼 논쟁과 소동

닛게이사이언스(日經サイエンス) 2003년 10월호에, 세계 어업자원의

상태를 논한 두 논문이 게재되어있다. 하나는 세계적인 영향력을 가진 논객인 Canada British Colombia 대학의 D. Pauly와 R. Watson 공저의 「난획으로 붕괴된 식물연쇄」이다. 이 일본어 번역의 논문의 원제는 「최후의 물고기를 세다」이라는 정서적인 제목으로 「Scientific American」의 2003년 7월에 실렸다. 그 서론은 「지금까지 예가 없는 어획량이 저하하고 있다. 원인은 난획으로 특히 대형의 육식어가 큰 타격을 받고 있다. 이대로는 해파리와 플랑크톤의 수프(soup) 밖에 입에 넣을 수 없게 될지 모른다」라는 자극적인 것으로 세계를 시끄럽게 하였다. 또 하나의 논문은 동경대학해양연구소의 와다나베(渡邊良郎)교수의 「기후변동이 좌우하는 증감 cycle」로 여기는 이론적인 논문이나 그 서문에는 「어업은 예부터 풍어와 불어를 반복하여 왔다 그 주 원인은 인간의 손에 의한 난획이나 환경파괴가 아니다. 정어리를 비롯한 여러 물고기의 수가 대양 규모의 기후의 영향으로 크게 변동하기 때문이다」라 써져있다. 이 두 논문은 대단히 대조적이어서 자원변동의 기본적인 원인에 대하여 완전히 다른 견해를 보이고 있다. 현명한 독자라면 알아차릴 것이라 생각하나 D. Pauly와 R. Watson의 논문은 「어획량이 감소하면 난획」의 평형이론에 서있고 와다나베(渡邊良郎)교수의 논문은 regime shift이론의 입장에 서있다. 이 둘은 지금까지 설명한 바와 같이 이론적으로 서로 용납될 수 없는 두 입장이다.

대형의 육식어에 대한 난획이 지구규모로 진행되고 있다는 것을 강조한 Pauly및 Watson논문의 최대의 근거는 「식물연쇄의 붕괴」인데, FAO의 어획량통계를 사용하고 있다. 식물연쇄라는 것은 태양에너지를 고정하는 식물플랑크톤을 동물플랑크톤이 먹고 동물플랑크톤을 정어리류와 같은 소형어류가 먹고 소형어를 다랑어류와 같은 대형어가 먹는다는 것인데 각각의 단계가 영양단계이다. 식물플랑크톤의 영양단계를 1이라하면 동물플랑크톤은 2, 소형어는 3, 중형어는 4, 대형어는 5가된다. Pauly교수 등의 별개의 논문(「세계어업의 지속성을 거냥하여」 「Nature」 2002년 8월 8일호)에서 세계의 바다로부터 어획물 평균의 영양단계가 1970~98년의 29년간에 3.06에서 2.65로 저하하였다 한다. 이런 것을 그들은 Fishing down이라 한다. 즉 어획압력은 보다 고가의 대형어에 보다 강하게 가해지므로 이와같은 생물량의 상대적인 저하를 초래하고 상의 영양단계로부터 아래를 향하여 진행된다는 것이다. 그러나 계산에 쓰인 자료나 계산방법이 잘 제시되지 않아 엄밀성이 결여되어, 노벨상 수상자를 배출하고 있는 초일류의 과학지가 게재했다고 하는 것으로는 드물게 심사위원의 심사가 불충분한 논문이다.

실제로 이와같은 어획압에 의한 영양단계의 저하가 세계의 바다에서 일어나고 있는 것일까. 그런 일을 확인하기 위하여 저자(Kawasaki. T)는 정확도의 수준이 높은 일본의 농림수산성의 생산통계를 써서 Pauly 및 Watson 논문보다 3배정도 장기의 1926~2007년의 82년간에 대하여 영양단계가 다른 난수성 부어자원의 두 분류군의 생산량을 계산해보았다(그림 결론 3).

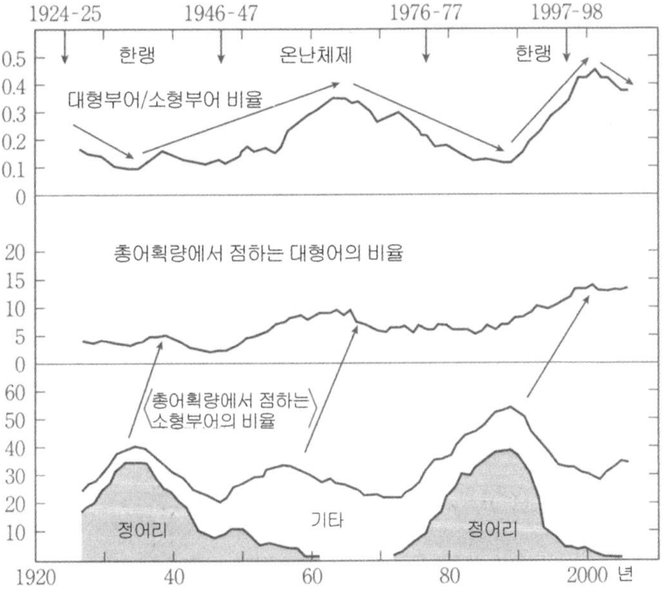

그림 결론 3. 북서태평양에서 일본어업에 의한 난수성 소형부어류군집(Ⅰ;하)과 난수성 대형부어류군집(Ⅱ;중)의 생산력이 어획어업총생산량에서 점하는 비율의 변동과 Ⅰ의 생산량에 대한 Ⅱ의 생산량의 비(Ⅱ/Ⅰ;상)의 변동

일본의 생산통계는 특히 난수성부어자원에 대해서는 세계최대의 어장인 북서태평양의 생물자원의 동향을 상당히 잘 반영하고 있다고 생각해도 좋다. 두 개의 분류군이란 정어리류, 꽁치, 전갱이류, 고등어류 등의 표층성 플랑크톤식성 소형어(1군)와 1군을 먹이로 하는 가다랑어, 다랑어류 등의 회유성어식성 대형어(II군)이다. 더욱 이 그림의 상부에는 PDO에 의한 북태평양 기후의 상구분(相區分)(제 4장)을 나타내었다. 북서태평양에 대하여 말하면 1924-25~1946-47이 저온상, 1946-47~ 1976-77이 온난상, 1976-77~1997-98이 저온상, 그 후가 온난상이다.

그림 결론 3의 아래 그림은 총어획량에서 점하는 1군의 비율(3년 이동평균)의 변동이다. 1934, 57, 89년에 최대가 있어 PDO의 상구분과 대응하고 있다. 1934년과 89년의 최대는 정어리에 의한 것이다. 1957년의 최대는 그 외의 소형부어류에 의한 것이다. 기후변동에 대응하는 정어리와 그 이외의 부어 사이의 어종교대 즉 체제전환은 명확하다. 중간 그림은 총어획량에서 점하는 II군(대형부어군집)의 비율(3년이동평균)의 추이(推移)이다. 여기에도 3개의 peak가있는데 II군의 최대는 I군의 최대에 수년에서 10년 정도 지연되고 있다. 이것은 I군에 대한 II군의 의존관계를 나타내는 것이라 생각된다.

그림 결론 3의 위 그림은 I군의 생산량에 대한 II군의 생산량의 비율(3년 이동평균)의 추이를 나타내는데 82년간의 전체를 통하여 큰 물결, 이것도 체제전환을 나타내고 있다. 즉 1932년부터 64년에 걸쳐 상승하고 그 후 90년까지 저하하고 반전 상승하여 2000년에 높은 peak를 보이고 근년 저하경향이다. Pauly등의 논문(2002)이 취급하는 기간은 1970~98년이고 II/I의 비의 하강기인 64~90년과는 거의 겹쳐진다. 즉 그들이 나타낸 29년간은 II/I의 비의 체제전환의 저하기를 포함하고 있는데 불과한 것이다. 82년간의 전 기간을 통해서는 변동을 동반하면서 상승경향에 있다. 생산량 동향이 생물량의 동향을 대형어 생물량의 측이 그것을 먹는 소형어에 비교하여 상대적으로 커져있다. 이것은 생태계의 체제전환을 나타내고 있는 것으로 Pauly등이 말하는 것 같이 영양단계의 차이에 의한 어획압의 차이를 나타내는 것은 아니다.

물고기자원이 왜 10분의 1로 되었는가

가장 세계를 시끄럽게 한 것은, 이것도 「Nature」지의 2003년 5월 15일호에 계제된 Canada 달하우지대학의 R. A. 마이야즈와 B. 왐에 의한 「포식성 어류군집의 급속한 세계적 감소」라는 논문이다. 이 논문은 세계의 열대. 아열대수역에 있어서의 일본 다랑어 연승어업의 조획률 변화를, 자원개발초기의 1952년부터 99년까지에 대하여 논한 것이다. 다랑어연승어업이라는 것은 해중에 다수의 낚시(釣鉤)를 매달아 고기를 어획하는 어업으로, 조획률(釣獲率)이란 낚시 100본당 어획미수(漁獲尾數)이다. 마이야즈의 논문에 의하면 이들 수역에서는 개발초기의 15년간에 어업에 의하여 다랑어군집 전체의 biomass의 80%가 감소하였다. 그들은 이와같은 논법을 확장하여 세계의 대형 포식성 어류의 biomass는 다랑어류에 한하지 않고 현재에는 어업이 시작하기전의 10%까지 감소하고 있다고 하였다. 과학논문에는 적합하지 않는 확장논법이다. 이 논문은 세계에 충격을 주어 세계의 많은 media가 보도하였다. 방송에서 문제 삼은 것은 CNN과 BBC, 지상 media에서는 「Washington Post」, 「Time magazine」 등이다. 일본에서도 많은 신문에 보도되었다. Myers 논문과 연휴하여 움직인 것은 국제 환경보호단체이었다. 그들의 홈페이지(H.P)에 논문이 소개되어 연승어업이 환경을 파괴한다하여 일대 캠페인(campaign)이 펼쳐졌다. 미국의회에서는 공청회까지 열리는 소동이 일어났다. 이 논문을 근거로 하여 환경보호단체와 코스타리카(Costa Rica)정부는 UN에서 공해연승어업의 일시정지(moratorium)를 주장하고 있다.

이 논문에 대해서 내외의 많은 과학자가 비판적인 견해를 발표하고 있다. 수산청의 외곽단체인 수산총합연구센터-원양수산연구소의 魚住雄二 소장(「편향과학논문이 만들어 낸 다랑어자원의 위기-마이야즈 논문을 둘러싸고」 2006)은 마이야즈의 그림(그림 결론 4)을 보여 「일본의 다랑어연승어업이 열대, 아열대수역의 자원개발당초의 1960년대 중반까지는 미국으로의 가공수출용으로 생물량이 큰 날개다랑어, 황다랑어를 대상으로 하였으나, 그 후 국내 생선횟감용으로 생물량이 작은 눈다랑어에 어획대상 어종을 바꾼 결과 다랑어어업전체의 조획률이 외견상 급속으로 내려간 것을 나타내는 것으로, 마이야즈 논문이 얼마나 무책임한 것인가」라고 기술하고 있다. 더욱 오스트레일리아(Australia)의 T. 폴라티크("Mariine Policy", 2005)라는 수산자원연구자는 마이야즈 논문에 전면적으로 반론함과 동시에 과학적으로 문제가 있는 논문을 확인이 불충분한 채로 게재한 「Nature」지를 비판하고 있다. 이와같은 세계의 해양생물자원의 상태의 평가를 둘러싼 환경보호단체까지도 끌어드린 다랑어연승 소동에는 복선이 있다. 그것은 공해 유자망 소동이다.

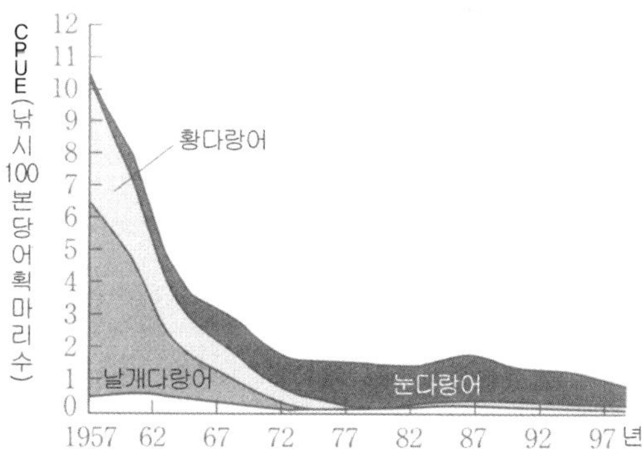

그림 결론 4. 마이야즈(Myers R. A)에 의한 열대 대서양의 일본연승어업의 CPUE 추이
출전) 魚住, 2006

북태평양의 공해에는 1970년대 중반기부터 빨강오징어를 대상으로 하여, 또 남태평양에서는 날개다랑어를 대상으로 하여 일본을 중심으로 유자망어업이 행하여져 1989년에는 빨강오징어 13만 3000톤, 날개다랑어 1만 3000톤이 어획되었다. 이 대규모 자망이 난획, 환경파괴에 관련된다고 하여 미국이나 남태평양제국이 반대하였던 것이다. 환경보호단체는 유자망은 포유류, 해조류, 바다거북류를 혼획하는 죽음의 벽이라 비난하였다. 더욱 유자망은 연어, 송어를 혼획한다 하여 알라스카, 워싱턴, 오리건, 캘리포니아 등 미국 여러 주와 캐나다의 어업자도 반대하였다. 어업자들은 서부 여러 주의 의회의 대표자들이나 여러 환경보호 그룹과 연휴(連携)하였다. 당시의 국무장관 제임스 베커, 환경보호파의 상원의원 알 고아(크린턴 정부의 부대통령), 알라스카의 연어, 송어업계를 대표하던 뎃드 스티븐슨이 선두에 섰다. 자국의 EEZ에의 외국 다랑어 어선의 입어료에 국가재정을 크게 의존하고 있는 남태평양 제국과 미국, 캐나다는 UN내에 손을 연결하여 미국, 캐나다의 업계와 정부, 의회가 주, 연방수준에서 제휴하였다. 또 환경보호단체가 매스컴과 함께하여 연어, 송어문제를 환경문제에 관련시켜 공해 유자망은 해양생태계에 절박한 위협이라고 하는 대 선언을 개시하였다. 일본의 업계나 정부는 어업을 존속시키기 위하여 일본, 미국, 캐나다 3국의 연구자가 참석하는 국제공동조사를 행하여 객관적인 자료(포유류, 해조류, 바다거북의 혼획은 무시할 정도로 적었다)를 제출하는 등 결사적인 저항을 하였으나 세 부족으로 결국 1991년 12월 20일의 UN총회에서 「세계의 공해에서 대규모 유자망 어업의 moratorium을 실시한다」 라 하는 결의안이 무투표로 채택되었다. 하나의 어업이 UN총회에서 다루어진 것은 예가 없는 일이다. 이렇게 하여 공해 유자망이라는 어업이 소멸되었다. 생물량이 큰 미이용 자원으로 크게 기대되었던 외양성 오징어류는 그 이용가능성을 박탈당했다.

미국의 환경보호단체의 다음 표적은 다랑어 연승어업이다. 「New York Times」는 세계에서 가장 영향력 있는 매스메디아의 하나이다. 다랑어 연승어업은 1998년1월 20일에 그 사설에서 「세계의 바다에서 무의미한 살육」이라 문제로 제기되어 거기서 다음과 같이 기술하고 있다. 「연승은 3000개의 낚시에 먹이를 붙인 다수의 지승(branch line)으로 구성되어 있다. 이들 낚시는 거대한 참다랑어, 상어류 등과 함께 많은 어린 어류를 살상하고 있다. 1991년에 UN은 대규모 유자망에 moratorium을 부과하였다. 다음 단계는 당연 연승에 대한 강한 규제가 될 것이다」. 2003년의 마이야즈 논문에는 이와같은 복선이 있었던 것이다.

〈옮긴이 의견〉 1991년에 북태평양 오징어 유자망어업에 대한 UN의 moratorium은 오징어를 어획하는 대형유자망의 사용을 금지한 조치이므로, 오징어를 다른 어구/어법으로 어획하는 것은 허용된다. 그러나 이 어장에서 대형유자망의 주요 어획대상인 빨강오징어(neon flying squid)는 체중이 커서 낚시에 걸려도 선상으로 인양될 때 떨어지므로 다른 오징어잡이에 흔히 쓰는 낚시어법으로는 어획이 불가능하다. 이 대형유자망에는 어류(연어, 새다래 등), 포유류(물개), 바닷새 등의 부수어획물(by-catch)이 많기 때문에 이 어구를 반대한 국가나 자연보호단체들은 희귀종의 보호가 가장 큰 이유였다.」

바다의 생물자원의 지속적인 이용 문제는 이와 같이 환경보호운동이나 국제정치의 와중에 있어 보통방법으로는 생각대로 안된다. 자원을 난획으로부터 지키는 것은 물론 필요하다. 다랑이에 대해서도 특히 남방참다랑어와 대서양참다랑어가 위험한 상태에 있다고 하여 국제적인 자원관리기구에 의하여 어획할당량이 설정되어 각국의 연승어선의 감선조치가 취해지고 있다. 그러나 상기와 같이 특정의 운동이나 정치 캠페인에 의하여 자원평가가 왜곡되어서는 안된다.

다랑어자원의 관리에 대해서는 대서양에는 ICCAT(대서양 다랑어류 보존국제위원회), 중서부태평양에는 WCPFC(중서부태평양 다랑어류위원회) 등의 국제위원회가 있으나 반드시 관리의 실효가 오른다고 볼 수 없다. 그 이유의 하나는 그들의 위원회가 행정직원이 주도하는 정부간 위원회이고 과학자의 역할은 정부의 행정직원에 대한 조언에 불과하고 기본적인 국익이 충돌하는 장소로 되어있기 때문이다.

해양생물자원의 과학적 평가와 그것에 기초한 자원의 지속가능한 이용을 위해서는 지구온난화문제를 과학적으로 해명하고 그 대응조치를 국제사회에 요청하고 있는 IPCC와 같은 과학자가 주도하는 국제 메커니즘이 필요한 것이 아니겠는가. 이제 과학이 선행하여 정치가 그것을 쫓아가는 시대인 것이다.

해양생물자원의 지속가능한 이용을 지향하여

저자(Kawasaki. T.)는 「regime shift」에 「대기, 해양, 해양생태계로

구성되는 지구환경시스템의 기본구조(regime)가 수 십년의 시간규모(scale)로 전환(shift)하는 것」이라는 정의를 내리고 있다. Regime shift는 신어로 2008년 1월에 발매된 「廣辭苑(제6판)」(岩波書店)에 이 정의와 함께 처음으로 수재(收載)되어, 과학용어로 정착되었다고 말할 수 있다. 제 5장에서 기술한 바와 같이 regime shift이론에 의하여 여러 해 동안 논쟁이 일어나고 있던 해양생물자원의 변동과 난획의 문제를 통일적으로 이해할 수 있게 되었다. 해양생태계와 그 구성부분인 해양생물자원은 계의 외측으로부터 어지럽혀지지 않는 조건하에서는 정상적인 리듬으로 regime shift를 행하고 있다. 과잉한 어획압에 의하여 regime shift의 「변동」시스템이 어지럽혀지든지 파괴되든지 하는 것이 난획(亂獲)이다. 이것이 regime shift이론에 기초를 둔 「난획」의 새로운 정의이다. 특히 regime shift의 저수준기에 있어서 강한 어획압이 regime shift의 리듬을 파괴해버릴 위험성이 있다. 광범위한 경제의 세계적 규모화(globalization)하에서 해양생물자원에 대한 어획압이 강해져 있고 이것을 유효하게 규제하는 것이 과학(지구과학과 환경경제)과 민주주의의 과제이다. 규제 방책이 확립되었다 하여도 산업계나 그 뜻을 받은 정치가로부터 정부에 대하여 반드시 「규제완화」의 압력이 걸려온다. 여기에 대처하기 위하여 정치를 감시하는 민주주의적인 메카니즘을 구축할 필요가 있다. 해양생물자원은 어업이라는 경제행위의 대상이나 무엇보다도 먼저 지구환경이다.

Regime shift의 리듬을 파괴하는 또 하나의 외력이 있다. 그것은 지구온난화(地球溫暖化)이다. 기후변동에 관하여 붕괴점이라는 말이 최근에 잘 쓰이게 되었다. 지구온난화에 의하여 기후가 「 되돌릴 수 없는 점」(PNR, Point of No Return)에 가까워지고 있다고 하는 것이다. 거기서는 기후를 제어할 수 없게 되고 기후는 붕괴하여 별개의 상태로 옮겨간다. 이 기후변화를 구동하는 중심점은 북극~북대서양북부에 있다고 과학 라이트의 G. Walker는 말한다(「Nature」 2006년 6월 15일호). 그것은 ①북극해를 덮는 해빙, ② 그 남쪽에 있는 그린란드를 덮는 광대한 빙상, ③ 북유럽바다(conveyer belt의 출발점)에 있어서 NADW의 형성

등이다. 북극해~ 북유럽해(Nordic Sea)에는 붕괴점을 향해서 온난화압력이 집중되어있다(그림 4-14).

북극해에서 생기고 있는 것은 ice-albedo-feed back이라 불리는 cycle이다. 온난화가 진행하면 해면을 덮는 얼음이 녹아 albedo(태양광선의 반사율)가 저하하여 태양열이 북극해에 축적된다. 여름에 해빙이 덮는 면적은 과거 30년간에 10년당 8%의 속도로 축소되고 있다. 미국 해군대학원의 W. 마스로브스키는 「2013년 여름에도 북극에서 얼음이 사라진다」라 한다. 유럽과 아시아, 북미서안을 잇는 새로운 항로의 개통이 현실미를 늘이고 있다. 또 북극해의 해저유전을 둘러싸고 자원의 쟁탈전이 일어날 것이라 한다. 그린란드에서는 빙상의 가장자리가 후퇴하고 있다. 세계의 기온이 3.1℃ 오르면 「얼음이 없는 그린란드」를 향하여 빙상의 축소가 가속된다. 3.1℃가 PNR이라 Walker는 말한다. 이렇게 하여 북극해와 그린란드로부터 담수가 북유럽바다에 유출되면 그것이 표층으로 확산되어 그림 4-14에 보이는 컨베이어 벨트(conveyer belt)의 침강역을 덮는 형태가 되어 이 벨트가 정지될 우려가 있다. 독일의 S. Rahmstorf (2005)는 매초 10~20만 m^3의 담수가 북유럽바다에 유출하면 열염순환(熱塩循環)이 폐쇄된다고 한다.

컨베이어 벨트가 약해지거나 정지하면 어떻게 될까. 컨베이어 벨트의 순환의 강도는 수 십년의 시간규모로 변동하고 있다(제 4장). 즉 regime shift라 하는 교향악의 예민한 감각을 흔들고 있다. 이 촉감의 흔들림이 약해지든지 흔들림이 전혀 없게 될 우려가 있다. 지구환경의 정상적인 변동에 대해서는 적신호이다.

그러나 이것은 하나의 가능성이다. 수 년전에 본 영화 「Day after tomorrow」에는 온난화에 의한 열염순환의 정지 영향이 극단화되어 묘사되었으나 2007년의 IPCC의 「제 4차 평가보고서」에는 「해양의 심층순환에 관해서는 명확한 경향이 있는가 없는가를 결정할 수 있는 충분한 근거가 없다」라 기재되어있다는 것을 주기해둔다.

기후의 변화에 기인하는 동물개체수의 규칙적인 진동의 정지는 육상에서 실제로 일어나고 있다. 나그네쥐(lemming)는 설치류의 1 종으로 북유럽의 고산지대에 널리 분포하고 수명은 3~4년, 겨울에는 눈(雪) 아래에서 지내며 주로 이끼를 먹고 있다. 이 나그네쥐는 3~5년에 한번 대발생하며 이것이 과거 수천 년 계속되었다. 노르웨이북부에서는 1970년에 이 나그네쥐가 너무 증가하여 도로에 넘쳐 제설차로 제거할 정도였다 한다. 대 발생은 단기간밖에 지속되지 않으나 이것은 식물(食物)이 없어지기 때문이다. 즉 나그네쥐 개체군은 밀도독립적으로 폭발적으로 증가하여 밀도의존적으로 돌연 붕괴한다. 이 개체수 변동양식은 정어리와 닮았다. 그런데 노르웨이 남부에서는 이 대 발생이 15년 정도 볼 수 없게 되었다 (그림 결론 5). 그 원인을 오슬로대학의 Kausrud 등(2008)이 조사했다. 옛날에는 겨울이 되어 눈이 지면을 덮으면 지면으로부터의 열로 지면에 접하는 눈의 얇은 층이 녹아 눈과 대지사이에 빈틈이 생겨 나그네쥐는 거기서 이끼를 먹고 겨울을 넘겨왔다. 그러나 따뜻한 겨울에는 눈이 녹아버려 그것이 재동결하여 박빙의 층이 지면을 덮게 된다. 나그네쥐는 살 공간을 잃어 이끼도 먹을 수 없게 된다. 1994년 이후는 기후가 변화하여 따뜻한 겨울이 계속되어 나그네쥐의 서식조건이 나빠져 수 천년사이에 주기적으로 일어난 대 발생이 일어나지 않게 되어 개체수의 변동 cycle이 정지된 것이다.

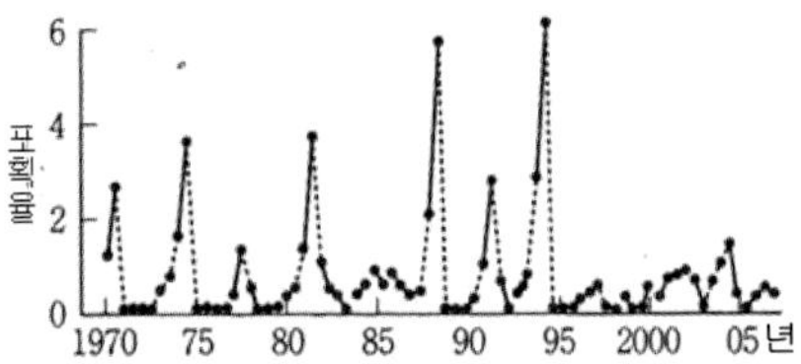

그림 결론 5. 노르웨이남부의 나그네쥐(lemming)의 생물량(biomass)변동

주) 포획율의 단위는 올가미 100대 1만(晩)당 포획수의 평방근
출전) Kausrud et al., 2008

IPCC의 활동을 기반으로 하여 과학은 이산화탄소 배출 규제의 필요성을 명확하게 내세웠다. 다음은 국제정치의 차례이다. 기후가 붕괴점에 달하여 폭주(暴走)를 시작하여 체제전환(regime shift)의 리듬이 붕괴되지 않도록 저탄소 사회의 구축은 급선무이다.

맺는말

저자는 어업과학 연구의 길을 걷기 시작하여 60년이 된다. 처음에는 가다랑어, 다랑어, 고등어, 오징어 등의 개별어종의 생태를 연구하는 일을 해왔으나, 35년 전부터 해양생물자원의 자연 「변동」 문제와 어업에 의한 「난획」 문제를 통일적으로 이해할 수 없을까 생각하기 시작하여 「regime shift」 개념에 도착한 것은 1983년이었다. 그 결과 「불변신화」에 입각하였던 「평형이론」은 근거를 잃게 되었다고 생각한다. 18세기 전반의 「Newton, Linne'」의 「자연의 절대적 불변성」(Engels, 1876)의 세계에서 Darwin의 「자연의 부단한 변동성」(1859)의 세계로 비약되었다. Regime shift의 개념은 세계에 널리 확산되어 학제적인 큰 연구영역을 이끌고, 저자 자신의 사고방식도 나름대로 발전하여 상기의 과제는 일응의 결착을 보았다고 생각하고 있다. 그것이 이번에 아와나미 신소(岩波新書)라는 형태로 정리된 것은 대단히 즐거운 일이며 받아드려 주신 이와나미(岩波)서점에 감사하고 있다.

연구의 과정에 느낀 바는 육지와 바다의 차이, 육지에 비해서 바다의 품음(懷)이 깊다는 것이다. 시라칸스는 고생대 데본기 중기 3억 8000만년 전에 해양에 나타났으며, 당시의 동물 종은 거의 대부분이 절멸하였는데, 그때와 그다지 변하지 않은 자태로 존재하고 있다. 살아있는 화석종이라 불리는 소이이다. 이것은 안정된 환경인 바다라서 가능한 것이다. Regime shift 라 하는 1세기에 2cycle의 장기변동도 바다의 이 특성에 유래하고 있다.

이 바다의 품음의 깊이는 인간과 동물의 관계에 대해서도 말할 수 있다. 육상에서 인간의 사냥 대상은 주로 포유동물과 조류이다. 인간에 의한 포획의 결과 절멸한 이들 동물은 일일이 들 겨를도 없다. 예를 들면 북미에 분포하던 용호비둘기이다. 이 비둘기는 19세기의 초에는 수백억 마리가 있었다고 생각되는데, 수십억 마리의 무리가 하늘을 나르면 「한

낮이라도 일식의 곡절처럼 부근이 살짝 침침해진다」라고 말할 정도로 서식하였다. 이 새가 개척자들의 식료로서 귀중하게 되어 과혹한 살육이 행하여졌다. 그래서 최후의 한 마리가 1914년 9월 1일에 동물원에서 사망하여 한 종이 지구상에서 사라지게 되었다(Silverberg, 1967).

이것에 대하여 바다의 사냥(어획)의 대상은 같은 척추동물이라도 포유류, 조류보다 진화의 level이 여러 단계 낮은 어류이다. 어획은 그 규모를 확대하면서 태고로부터 현재에 이르기까지 행하여져 왔다. 그러나 해양에 있어서는 환경변화 아니면 환경파괴에 의하여 절멸한 어류는 있으나, 대단히 강한 어획하에 있어도 어획에 의하여 절멸한 어류는 저자(川崎 健)는 알지 못한다. 이 육지와 바다의 차이는 어디서 온 것일까.

포유류, 조류에는 수가 적은 새끼들의 보살핌을 어미가 행하고, 어미와 새끼들 사이의 수량 관계는 확실하게 하고 있다. 포획되어 어미가 너무 적어지면 새끼들의 감소가 그치지 않고 그런 위기에 절멸한다. 환경으로부터의 독립성이 높다고 말할 수 있다. 그러나 어류에는 대단히 많은 수의 알은 산란소 없이 방출되어 뒤에는 자연에 맡겨진다. 친자의 수량 관계는 약하고, 다음 세대의 새끼들의 수는 어미의 수에 의하지 않고 산출된 알의 생잔률(生殘率)에 주로 지배된다. 어미가 감소해도 저수준기에 어획을 삼가면 환경조건이 갖추어질 때 단번에 생물량이 회복된다. 저수준기에 어획을 계속하면 생물량은 회복하지 않으나 그래도 끈질기게 생잔한다. 그것은 육지가 엄한 환경인 것과 달라 생명을 산출한 바다는 안정된 환경이고, 영양염의 soup이고, 포용력이 풍부하고, 품음이 깊기 때문이기도 하다. 이와 같이 자연력에 의한 재생산이 행하여지는 장소인 바다를, 그것이 인간에 행(幸)을 언제나 가져다주는 것처럼 소중히 이용하지 않으면 안 되고 그러기위해서는 바다에 있어서의 생물생산의 메커니즘을 알지 못하면 안된다. 이 메커니즘이 대기-해양-해양생태계로 구성되는 지구환경시스템의 기본구조가 수 십년의 시간규모로 전환하는 체제전환(regime shift)이며 그런 것을 많은 사람에 알려주기 바라고 이 책이 쓰여 졌다.

저자의 연구생활 60년간에 특히 1990년대에 들어서부터 바다의 물고기를 포함하여 생물과학이나 환경과학의 연구가 크게 진척되어 바다의 물고기에 대한 사회가 보는 눈도 충분히 변하였다. 결국은 바다의 물고기는 어업자의 어획대상, 경제학의 언어로 말하면 노동대상이었다. 그러나 지금은 그렇지 않다. 물고기는 대기나 해수와 같이 지구환경이다. 보다 정확하게는 물고기가 지구환경이라 말하기보다 물고기는 지구환경으로서의 해양생태계의 구성부분이다. 이것은 생물자원의 이용은 해양생태계를 파괴하지 않는 범위 내에서 허용될 것과 그래서 그 지속가능한 이용을 위하여 배타적경제수역(EEZ)에 꼭 매달린 1국주의가 아니고 EEZ를 넘는 국제협력이 필요하다는 것을 보이고 있다. 저자는 이 일을 체제전환(regime shift)이론을 통하여 보이고 싶은 것이다. 국가에 의한 자원관리로부터 국제협력에 의한 해양생태계의 지속가능한 이용으로의 전환의 전망을 가질 필요가 있다. 그러나 현실은 그렇게 되어있지 않다.

UN해양법조약에 의하여 세계의 바다가 1982년에 EEZ로서 연안국간에 분할된 결과, 거기에 분포하는 생물자원은 인류전체의 공유재산이 아니고 일종의 사유재산 즉 연안국의 국가재산 혹은 국가자원이 되어버렸다. 그 결과 국가에 의한 자원이용권이 외국으로의 사실상 매매가 이루어지고 있다. EEZ에 있어서 입어료 등은 그 전형이다.

일본 특유의 제도인 공동어업권은 공통식탁(commons)이라 하여 지선수역의 어업협동조합에 의한 생태계관리의 측면을 가지고 있다. 이것을 어업자 집단이 인류를 대행하여 생태계의 지속가능한 이용을 행한다라고 위치를 정할 필요가 있다. 그러나 근년 걱정이 되는 것은 이 방향과는 역으로 국가가 자원을 분할하여 그 이용권을 기업 혹은 개인에 분배, 혹은 재분배하는 움직임이 있다. 이것은 1980년대에 들어서 아이슬란드, 뉴질랜드 등에서 IQ (Individual Quota, 개별어획 할당) 혹은 ITQ (Individual Transferable Quota, 개별양도가능 어획할당)의 형태로 행하여지고 있는 자원이용권의 분할·분배이다. 아이슬란드에서는 ITQ는 상거래(商取引)나 리스의 대상이 될 정도이나 재산으로서 과세되고, 은행신용의 저당으로도 받아드려진다. 자원이용권은 토지, 노동력, 화폐와 같이 법률상의 의제(擬制)의 상품이 되어 어선으로부터 떨어져 독립적

상품으로 분할가능하고 명확한 시장이 형성되도록 되어있다(Eythorsson, 1998).

일본에서도 ITQ제도 도입의 가능성에 대하여 정부 부내에서의 이론이 시작되고 있다. 이것은 EEZ에 의한 해양생물자원 분할의 마지막 가는 곳이고 2008년 가을의 금융공황에 의하여 부정된 모든 가치를 시장의 평가에 맡기는 시장원리주의의 마지막 길이기도 하다. 지구환경을 잘라 파는 것을 시켜서는 안된다고 생각한다. 일본에서는 그와 같은 일이 되지 않도록 지금이 가장 중요한 고비이다.

이 책을 쓸 동기를 주신 분은 Iwanami(岩波)서점 신서편집부의 太田順子씨이다. 太田씨 는 나의 말을 듣고 책의 구성에 대한 조언을 하였다. 저자는 이것이다 라고 납득하여 그것이 그대로 본서의 구성이 되었다. 그 후에도 소택에 종종 들려 대단히 정확한 자문을 해주었다. 다시 책을 마치는 과정에도 고노(苦勞)를 하시었다. 이 책은 太田씨를 빼고는 생각할 수 없고 마음으로부터 감사드린다.

저자의 체제전환(regime shift)연구에는 동경농업대학 교수 다니구찌(谷口旭)씨, 동경대학 이학연구과장 하나와(花輪公雄)씨, 이 3월까지 이바라기현(茨城縣) 수산시험장에 있었던 히라이(二平章)씨, 동경대학 해양연구소 교수 와다나베(渡邊良郎)씨를 비롯한 내외의 많은 연구자, 기타 많은 여러분의 신세를 졌다. 참고문헌에 대해서는 동경대학 농학부 연구과의 이또(伊藤絹子)씨에 많은 노고를 끼쳤다. 이 책을 쓴 것도 이들 여러분의 지원의 덕분이다.

藤擇의 자택에서
川崎 健(Kawasaki. T)

역자 요약
기후-해양생태계 체제전환(regime shift) 이론

① 세계의 대기와 해양 및 해양생태계는 하나의 시스템으로 수 십년의 시간규모로 조화가 취해진 변동을 하고 있다는 새로운 지구환경상(관)이 형성되었다. 바다와 거기서 생활하고 있는 어류 등 해양생물의 생물량(biomass)은 크게 변동하고 그 변동은 개별적이 아니고 각각이 하나의 시스템의 유기적인 구성부분으로 변동하고 있다. 즉 「regime shift」란 「대기, 해양, 해양생태계로 구성되는 지구환경시스템의 기본구조(regime)가 수 십년의 시간스케일로 전환(shift)하는 것」이다. 이 체제전환(regime shift)이론은 대기-해양-해양생태계라 하는 지구환경시스템의 변동을 통일적으로 설명할 수 있으며, 이 이론은 새로이 바다 생물자원의 지속가능한 이용에 근거를 제공한다.

지구적 수 십년 규모의 해양생물의 변동현상은 태평양 세 해역의 청어과 어류인 정어리와 멸치의 어획량변동을 통하여 1983년에 알게 되었다. 결국 해양생태계내의 먹이망의 한 구성요소인 정어리와 멸치가 반혹은 전지구적 규모의 광역에서 수 십년 시간규모로, 기후 및 해양생태계의 변동과 위상을 같이하여 동시변동성(synchronicity)을 보이는 현상에서 체제전환(regime shift)의 이론이 대두되었다. 환경변동의 지표인 태평양 10년 진동(PDO)은 연어의 연구에서 태어났다. 이것은 기후이 신호(signal)가 해양생태계에 의하여 수출(抽出)되었다는 것을 의미한다. 체제전환은 기후변동이 생물에 전해져서 그것을 생물이 증폭(增幅)함으로써 보이게 된 것이다. 이 regime shift의 이론은 관련된 여러 분야로 확장되었다.

이 발견은 대기와 해양의 연구에 크게 자극을 주고 특히 1990년대에 들어서부터 그 연구는 수산해양학, 수산자원학, 해양물리학, 해양생물학, 기상학, 기후학을 포함한 광범위한 분야에 퍼져 그들 분야에서 가장 선단적인 연구영역이 되어있다.

② 10년 이상 지속되던 한 체제(저기압 지속기간 혹은 온난 지속기간)에서 다른 체제(고기압 혹은 한랭기간)로의 전환기간은 2~3년 내의 단기간이고, 다획성부어류 (예, 정어리, 멸치, 고등어 전갱이, 꽁치 등)는 이 기후체제전환과 함께 갑자기 증가 혹은 변동하고 증가하는 자원과 감소하는 자원사이에 역상관이 뚜렷한 어종교체(魚種交替)현상을 나타낸다.

이들 어류는 분포역과 산란장이 넓고, 산란기가 길고 계절회유를 하며 자자손손 종족을 유지한다. 이 어류들은 그들의 생물학적 특성(어체의 크기, 풍도 등)이 환경의 변화에 민감하게 반응하므로 수리환경의 변화를 알려주는 생물지표종(bio-indicator)으로 쓰일 수 있다. 이들 어류자원은 자원량이 높은 수준에 있을 때는 밀도-의존적(density-dependant)으로 감소할 수 있으나, 자원량이 낮은 수준에 있을 때는 환경의 변화에 따라 환경-의존적 즉 밀도-독립적(density-independent)으로 증가한다.

③ 해양어류의 친어와 자어간의 수량관계가 약하여 그 풍도의 변동에는 친어의 수량이 중요한 것이 아니고, 태어난 알의 생잔율(生殘率)에 주로 지배되어 친어가 감소해도 저수준기에 어획을 하지 않으면 환경조건이 호적하면 환경 의존적으로 한번에 생물량(biomass)이 회복된다. 즉 어업자원의 변동은 지구환경체제의 변동에 따르며, 인위적인 노력량의 조정이나 환경변동을 무시한 최대지속적어획량(MSY)이론으로 그 자원의 관리는 불가능하다는 것을 알 수 있다. 어획은 그 규모를 확대하면서 태고로부터 현재에 이르기까지 행하여져 왔다. 그러나 해양에 있어서는 환경변화 아니면 환경파괴에 의하여 절멸한 어류는 있으나, 대단히 강한 어획의 압력이 있어도 어획(fishing)에 의하여 절멸한 어류는 아직 알려진 바 없다.

어업은 예부터 풍어와 불어를 반복하여 왔다. 그 주 원인은 인간의 손에 의한 난획이나 환경파괴가 아니다. 정어리를 비롯한 여러 물고기의 수가 대양 규모의 기후 영향으로 크게 변동하기 때문이다. 체제전환(regime shift)이론에 따르면 과잉한 어획압(漁獲壓)에 의하여 regime shift의 「변동」 system이 어지럽혀지든지 파괴되든지 하는 것이 난획(亂

獲)이다.

본서 주제인 기후체제전환에 관련하여, 어업자원변동에 관한 결정기(critical period)(Hjort, 1914), 일치/불일치(match/mismatch) 및 가입난획(growth over fishing)(Cushing, 1973, 1975)과 환경수용력(carrying capacity)(Verhulst, 1838) 등의 이론에 한계가 있음이 지적되었다. 또 최대지속적어획량(MSY)에 기초를 둔 허용어획량(TAC)에 의한 어업자원의 관리의 한계가 강하게 지적되었다.

물고기는 대기나 해수와 같이 지구환경의 한 구성요소이다. 즉 물고기는 지구환경으로서의 해양생태계의 구성부분이다. 이것은 생물자원의 이용은 해양생태계를 파괴하지 않는 범위 내에서 허용될 것과 그래서 그 지속가능한 이용을 위하여 배타적경제수역(EEZ)에 꼭 매달린 1국주의가 아니고 EEZ를 넘는 국제협력이 필요하다는 것을 보이고 있다. 우리는 이 일을 체제전환이론을 통하여 보이고 싶은 것이다. 국가에 의한 자원관리로부터 국제협력에 의한 해양생태계의 지속가능한 이용으로의 전환의 전망을 가질 필요가 있다.

한 세기동안 어업자원의 관리에 쓰인 평형이론에 관련된 최대지속적생산량(MSY)에 기초를 둔 총허용어획량(TAC)에 의한 관리방식은 그 의미가 퇴색되고, 따라서 UN해양법에 명시된 배타적경제수역(EEZ)내의 자원관리에 관한 규정도 수정되어야할 단계에 이르렀다

④ 새로운 자원관리방식의 하나로, regime shift에 의하여 크게 변동하는 어종 교체자원에 대하여 순응적 관리 방식이 있다. 복수의 어업대상자원 가운데 자원상태가 양호한 것부터 어획하고, 자원회복의 기미가 있으면 완전히 회복될 때가지 기다리는 인내를 요구한다. 여기에 자원상태의 평가에 불확실성을 제거하기 위하여 다 학문적 다항목의 기초조사가 이루어질 것을 전제로 한다.

⑤ 전 세계 거이 모든 바다의 수리 및 생물자원이 세계적, 지역적 혹은 소지역 국제기구에 의하여 조사 및 관리되고 있나. 그러나 유일하게 한반도주변 바다를 포함한 극동해역은 관련 국가가 개별적으로 조사 및 관리되고 있으나 통일된 방법으로 이루어지지 않고 있다.

이곳을 메우고 있는 물과 물고기들은 인간이 설정해둔 경계를 넘나들고 있다. 한정된 관찰과 정보로 이 바다의 물과 생물을 보존관리 혹은 회복하려는 인간의 노력을 그들은 비웃고 있을지 모른다.

⑥ 원저자 가와사끼(川崎 健)교수가 원저 제 1장 청진(淸津, 1925-42)에서 극동산 정어리개체군을 두 계군(북서태평양 계군과 동해계군)으로 나눠보고 있는 것에 대하여, 원저자의 이론을 소개하고 있는 우리(번역자들)는 두 바다의 수리, 생물 및 어업에 관한 정보의 부족에서 일어난 것 같은 느낌을 받고 있다. 원저자가 맺는말에서 강조하는 바다로 생물자원의 이용은 해양생태계를 파괴하지 않는 범위 내에서 허용될 것과 그래서 그 지속가능(持續可能)한 이용을 위하여 배타적경제수역(EEZ)에 꼭 매달린 1국주의가 아니고 EEZ를 넘는 국제협력(國際協力)이 필요하다. 우리 번역자들은 이미(2010년) "기후변화와 해양생태계"-아카데미서적의 금후의 과제 (어업정책) 에서 강조한 바와 같이 극동의 지정학적위치에 있는 한국을 중심축으로 하는 "국제 극동해역 해양생태계보존기구"(Far East region Marine Ecosystem Conservation Body)(가칭)의 설치 필요성을 다시 강조한다.

이처럼 광범위한 분야에 걸쳐있는 기후체제전환에 관한 새로운 이론은 우리말로 체계적으로 정리된 관련 서적이 한정되어 일반에게 잘 알려지지 않았다. 여기서 우리가 옮긴 이 서적은 학자, 기후 및 해양산업, 수산업, 관련행정 및 정책결정자와 자연과학에 관심을 가진이들께 크게 도움이 될 것으로 믿는다.

한자와 영어를 혼용하며 일본어로 쓰인 과학과 인문의 가교역할을 하는 이 서적을 한글로 옮기는데 무리가 있었다. 우리는 이 중대한 해양기후체제전환에 관한 사실을 모두에게 서둘러 알리고 싶은 일념으로, 편집을 맡은 아카데미서적의 주성필 사장님과 발행을 위하여 노고를 아끼지 않은 주희완님께 서둘러 줄 것을 간청하였음에 대하여 관대한 이해 있으시길 바란다.

공 영, 서영상

참고문헌·자료

〈書 籍〉

內田惠太朗 ほか「日本魚類の 稚魚期の硏究 第 1 集」九州大學農學部水産學第二敎室,1958

宇野木早苗 ほか 編「川と 海-海域圈の 科學」 築地書館, 2008

川上 健三「戰後の 國際漁業制度」 大日本水産會,1972

川崎 健「浮魚資源」 恒星社厚生閣, 1982

川崎 健「魚の 資源學」 大月書店, 1983

川崎 健「魚の 環境學」 新日本出版社,1993

川崎 健「漁業資源-なぜ 管理できないのか(二訂版)」 成山堂書店, 2005

川崎 健. 花輪公雄. 谷口旭. 二坪章 編著「レジ-ム·シフト-氣候變動と生物資源管理」 成山堂 書店, 2007

氣候影響. 利用硏究會編 「エル ニ-ニョと地球環境(改訂增補版」 成山堂書店, 2001

氣候影響. 利用硏究會編 「日本の氣候 I & II」 二宮書店, 2002, 2004

氣象庁 「異常氣象レポ-ト」 1994, 1999, 2005

木村吉宏「エル ニ-ニョ現象」 日本海洋協会, 1992

近藤純正 「身近な氣象の 科學-熱エネルギ-の流れ」東京大學出版会, 1987

スタインベック「キャナリ-ロウ」 井上謙治譯, 福武文庫, 1977

鷲見一夫「二百カイリ水域論-日本と世界の 問題」 東京文庫, 1977

ダ-ウン「種の 起源」 1859

日本海洋學會編 「海と地球環境, 海洋學の 最前線」 東京人學出版會,1991.

日本海洋學會編 「海と環境, 海か變わると地球か變わる」 講談社, 2001

平本紀久雄 「イワシの 自然誌-「海の米」の生存戰略」 中央公論社, 1996

布施勉 「國際海洋法序說」酒井書店,1992

松下七朗編 「魚油とマイワシ」 恒星社厚生閣, 1991

水上千之「海洋法-展開と現在」有信堂高文社,2005

ロチ「氷島の漁夫」1886, 吉江喬松. 吉氷清訳. 岩波文庫, 1961

Bakun, A,; *Patterns in the ocean*, California Sea Grant/CIB,1996

Burroughs, W. J,; *Climate Change*, Cambridge University Press, 2001

Cushing, D. H,; *The Provident Sea*, Cambridge University Press, 1988

Kawasaki, T. et al. (ed): *Long-term Variability of Pelagic Fish Populations and their Environment*, Pergamon Press, 1991

Silverberg, R.: *The dodo, the auk and the oryx*, 1967,「地上から消えた 動物」佐藤高 子 譯, 早川書房, 1983

Symes, D. (ed): *Northern Waters : Management Issues and Practice*, Fishing News Books, 1998

Trenberth, K. E. (ed): *Climate System Modelling*, Cambridge University Press, 1992

〈 雜 誌 〉

「環境と公害」35(4)「特輯 地球溫暖化防止とサステイナプルな發展」岩波書店, 2006

「ジュリスト」1365「特輯 海・資源・環境」有斐閣, 2008

〈 論 文 〉

二東佑方「日本の- マイワシ その生活と資源」「魚油と マイワシ」恒星社厚生閣, 1991

伊藤不二男「海洋自由の思想」「海洋時報」4, 1977

魚住雄二「偏向科學論文の生み出すまぐろ資源の危機-マイヤ-ズ論文を巡って」「OPRTニュ -スレタ-」15/16, 2006」

エンゲルス「序論」「自然の 辨證法」1876, 秋間實 譯, 新日本出版社, 2000

大滝英夫「以西底魚資源」「底魚資源」恒星社厚生閣, 1980

海洋科學技術センタ-「北太平洋から北大西洋への大氣の架け橋」お發見-アリュシャン・アイスラ ンド低氣壓間の シ-ソ-現象の解明」, 2001

帰山雅秀「サケ類の 生態系ベ-スの 持續的 資源管理と長期的な氣候變動」

「レジ-ム シフト-」成山堂書店, 2007

柏原辰吉 「北太平洋を 中心とした最近の 冬季の冷化について」 「天氣」

34,1987

川崎 健 「エル ニ-ニョと海洋生態系」「エル ニ-ニョと地球環境(改訂增補版)」成山堂書店, 2001

川崎 健 「日本漁業-現狀, 歷史, 課題」「經濟 」2004年 5月号

川崎 健 「世界の水産物 需給構造と南北問題」「經濟」2005年 3月号

川崎 健「魚離れ」と 日本漁業-漁業政策. 資源管理政策の 批判的 検討「經濟」2007年 7月号

川崎 健 「レジ-ム シフト 理論形成の 系譜」 月刊海洋 459, 2009

加三千宣ほか 「堆積魚鱗から復元された カタクチイワシ·マイワシ資源の長期スケル變動記錄」月刊海洋 456, 2008

水産庁 「イワシ會議記錄」「水産時報」1950年 1月 号

杉本隆成ほか 「資源變動の歷史的變遷-古文書と堆積物コア-に基づく海洋環境と生物生産の推定」「月刊海洋」422, 2005

坪井守夫「本州. 四國. 九州を 一周したマイワシ主産卵場(1), (2), (3)」,「さかな」38/39/40, 水産庁 東海区水産研究所 1987/88

德永幸彦「パ-ル Raymond Pearl (1879-1940)」「生態學事典」共立出版, 2003

中井甚二郎 「イワシの鰓耙の構造と食物との關係」「水産研究誌」38, 1938

二平章 「レジ-ム.シフトと底魚資源」「レジ-ム.シフト」成山堂書店, 2007

長谷川直之「エル ニ-ニョ現象のメカニズム 」「エル ニ-ニョと地球環境 (改訂增補版)」成山堂書店, 2001

花輪公雄 「大氣海洋相互作用」「日本の 氣候 I」二宮書店, 2002

ポ-リ-. ワトソン「亂獲で崩れる食物連鎖」「日經サイエス」2003年 10月 号

本田明治. 中村尙 「北太平洋の變動が北大西洋に与える影響」「月刊海洋」号外 24, 2001

松田裕之 「單純で誤差を含む數理モデル提唱」「月刊海洋」37, 2005

村上子郎 「種苗放流による資源の上積みの可能性について」「種苗放流による增産の可能性に關 するノ-ト」1970

安中さやか. 花輪公雄 「過去100年間の全球海面水溫場に出現した レジ-ム.シフト」「レジ-ム. シフト」成山堂書店, 2007

梁振林 「中國の 漁業と資源管理の現狀」「月刊海洋」31, 1999

渡部雅浩 「中緯度大氣海洋結合モ-ドと數十年スケ-ル變動」「レジ-ム.シフト」成山堂書店, 2007

渡邊良朗「仔魚の成長と生殘」「水産學 シリズ」119, 1998
渡邊良朗「氣候變動が左右する増減サイクル」「日經 サイエス」2003年 10月 号
渡邊良朗「ス-パに イワシがなくなる?」「海の環境100の危機」東京書籍, 2006

Anderson, P. J. and Platt, J. F.: "Community reorganization in the Gulf of Alaska following ocean climate regime shift". *Mar Ecol. Prog.* Ser. 189.1999

Batchelder, H. P. and Kim. S.: "Big-picture synthesis requires understanding the small and in-between stuff". *Pices Press* 14, 2006.

Baumgartner, T. R. et al.: "Reconstruction of the history of the Pacific sardine and northern anchovy populations over the past two millennia from sediments of the Santa Barbara Basin", California. CalCOFI Rep., 1992

Boyd, A. J. et al. :"Food transport and anchovy recruitment in the northern Benguela upwelling system of South Africa". *Global versus Local Changes in Upwelling Systems, Editions I*, Orston, 1998

Brander, K. et al.: "Decline and recovery of North Atlantic cod stocks". *GROBEC International Newsletter* 12(2), 2006

Brodeur, R. D. and Ware D. M.: "Long term variability in zooplankton biomass", in the subarctic Pacific Ocean, *Fish Oceanogr.* 1, 1991

Broecker, W. S.: "Massive iceberg discharges as triggers for global climate change", *Nature* 372, 1994

CalCOFI: Fisheries Review, CalCOFFI Rep. 40, 1999

Clark, W. G. and Hare, S. R.: "Effects of climate and stock size on recruitment and growth of Pacific halibut", *North Amer. J. Fish. Manag*, 22, 2001

Crawford, R. J. M. et al.: "An empirical investigation of transoceanic linkages between areas of high abundance of sardine", *Long-term variability of Pelagic Fish Populations and their Environment*, Pergamon Press, 1991

Cushing, D. H.: "The dependance of recruitment on parent stock in different groups of fishes", *J. du Cons. 33*, 1971

Cushing, D. H.: "The natural regulation of fish populations, in Sea Fisheries Research", Elek Science, 1974

Eythorsson, E.: "Metaphors of property, the commoditisation of fishing rights", *Northern Waters: Management Issues and Practice*, Fishing News Books, 1998

FAO: "The management of fishery resources", *The state of food and agriculture*, 1967

FAO: The state of world fisheries and agriculture, 2006

Haar, T. H. V. and Suomi V. E.: "Satellite observation of the earth's radiation budget" *Science* 163, 1970

Hillaire-Marcel, C. et al.: "Absence of deep-water formation in the Labrador Sea during the last interglacial period", *Nature* 410, 2001

Hjort, J.: "The fluctuations in the great fisheries of northen Europe viewed in the light of biological research". *Rapp. P.-V. Reun. Cons. Int. Explor. Mer* 20,1914.

Hjort, J.: "Fluctuations in the year classes of important food fishes", *J. du Cons. l*, 1926

Hoerling, M. P.: "Tropical origins for recent North Atlantic climate change", *Science* 292, 2001

IUCN: "1996 IUCN Red List of Threatened Animals", The IUCN Species Survival Commission, 1996

Kausrud, K. L. et al,: "Linking climate change to lemming cycles", *Nature* 456, 2008

Kawasaki, T.: "Why do some pelagic fishes have wide fluctuations in their numbers?", *FAO Fish. Rep.* 291, 1983

Kawasaki, T.: "Differences in dynamics of the Far Eastern sardine subpopulations", *GLOBEC international Newsletter* 11(1), 2005

Kawasaki, T. and Kumagai, A.: "Food habits of the Far Eastern sardine and their implication in fluctuation pattern of the sardine stocks", *Bull. Japan. Soc. Sci. Fish.* 50, 1984

Kawasaki, T. and Omori, M.: "Fluctuations in the three major sardine stocks in the Pacific and the global trend in temperature",

Long-term Changes in Marine Fish Populations, 1988

Kawasaki, T. and Omori, M.: "Possible mechanisms underlying fluctuations in the Far Eastern sardine population inferred from time series of two biological traits", *Fish Oceangr.* 4, 1995

Latif, M. et al.: "A review of predictability studies of Atlantic sector climate on decadal time scales", *J. Climate Spec. Sec.* 19, 2006

Latif, M. et al.: "Is the thermohaline circulation changing?", *J. Climate*, 15 September, 2006

Lehodey. O.: "Oceanic fisheries and climatic change project OFCCP GLOBEC", GLOBEC *International Newsletter* 8, 2002

Morimoto, H.: "Effects of maternal nutritional conditions on number, size and lipid contents of hydrated eggs in the Japanese sardine from Tosa Bay, Southwestern Japan", *Survival Strategies in Early Life Stages of Marine Resources.* A. A. Balkema, 1996

Myers, R A. and Worm, B.: "Rapid worldwide depletion of predatory fish communities", *Nature* 423, 2003.

Nature: "Beyond the origin", *Nature* 456, 2008

Nitta, T. and Yamada, S.: "Recent warming of tropical sea surface temperature and its relationship to the Northern Hemisphere circulation", *J. Meteor. Soc. Japan* 67, 1989

Parrish, R. H. et al.: "Comparative climatology of selected environmental processes in relation to eastern boundary current pelagic fish reproduction", *FAO Fish Rep.*291, 1983

Paulik, G. J.: "Anchovies, birds and fishermen in the Peru Current", *Resource Management and Environmental Uncertainty*, Wiley-Interscience, 1981

Pauly, D. et al.: "Towards sustainability in world fisheries", *Nature* 418, 2002

Rahmstorf, S. et al.: *Geophys Res. Lett.* 22, 2005

Russell, E. S.: "Some theoretical considerations on the 'overfishing' problem", *J. du. Cons.* 6, 1931

Russell, E. S.: "Fishery research: Its contribution to ecology", *J. Ecol.* 20, 1932

Schaefer, M. B. and Berverton R. J. H.: "Fishery dynamics-their analysis and interpretation", *The Sea* Vol. 3, Interscience Publishers, 1963

Sherman, K. and Duda, A. M.: "A global approach for recovery and sustainability of marine resources in Large Marie Ecosystems", *Pices Press* 16, 2008

Souissi, S. et al.: "Effects of global changes on aquatic ecosystems in Western Europe: role of planktonic communities", *GLOBEC International Newsletter* 13, 2007

Sugisaki, H.: "Studies on long-term variation of ocean ecosystem/climate interactions based on the Odate collection: Outline of the Odate Project", *Pices Press* 14, 2006

Trenberth, K. E.: "Recent observed interdecadal climate changes in the Northern Hemisphere", *Bull. Amer Meteor Soc.* 71, 1990

Venrick, E. L. et al.: "Climate and chlorophyll a: long term trends in the central North Pacific Ocean", *Science* 238, 1987

Walker, G. "Climate change: The tipping point of the iceberg", *Nature* 441, 2006

〈資 料〉

水産庁「漁業白書」「水産白書」1963-2008

日本統計協會「統計でみる日本2009」

農林(水産)省「漁業養殖業生産統計年報」

農林(水産)省「食料需給表」

FAO Yearbook Fishery Statistics

IPCC「第4次 評價報告書」2007

찾아보기(索引)

(Alphabetical order, 알파벳순)

(가나다 순)

가 행

나 행

다 행

라 행

마 행

바 행_

사 행

아 행

자 행

차 행

카 행

타 행

파 행

하 행

저자 소개

川崎 健

1928年中國 福建省福州市탄생. 東北大學名譽教授. 農學博士. 專門은 海洋生物資源의 動態. 1950年東北大學農學部水産學科卒. 1969~85年日本學術會議 會員(8-12期). 74年까지 水産廳水産研究所에 勤務. 74年東北大學農學部助教授에, 75年부터 農學部教授(85-89年農學部長). 91年停年退官. 92-93年, 99-2000年, 國立臺灣海洋大學客員教授. 現在 日本科學者會議代表幹事, 那珂川關係漁業協同組合協議會가 設置 한 那珂川의 魚類. 生態系影響評價委員會 委員長. 著書는 浮魚資源 (恒星社厚生閣), 魚の 資源學 (大月書店), 海の 環境學 (新日本出版社), 「漁業資源- なぜ 管理 できないのか (二訂版)」 (成山堂書店), 「レジーム シフト-氣候變動と生物資源管理」(共編著, 成山堂書店) 등 多數. 2007年 「畑井 메달」 受賞.

역자 소개

공 영(孔 泳) 농학박사(동경대학)
해양생태학 전공
yeonggongdr@daum.net

서영상(徐榮祥) 이학박사(부경대학교)
해양물리학 전공
yssuhemail@hanmail.net

최근 저서: 공 영, 서영상, 성기탁, 한인성. 2010. 기후변화와 해양생태계. 아카데미서적. 서울, 대한민국, 278

Gong Y, Suh Y-S, Seong K-T, Han I-S, 2010. Climinate Change and Marine Ecosystem. Academy Book, Seoul, Korea, 278.

기후변화와 어류
Climate Change and Fish

초판 1쇄 인쇄일 2012년 12월 10일
초판 1쇄 발행일 2012년 12월 20일

저　　자 | 가와사끼 쓰요시
역　　자 | 공 영 · 서 영 상
편 집 자 | 주 성 필
발 행 자 | 주 희 완
발 행 처 | 아카데미서적

서울특별시 강남구 논현동 117-2
TEL 516-3131 FAX 542-9254
Email aca97@hanmail.net
http://www.academybook.co.kr

정가 25,000원
ISBN 978-89-7616-479-7(93520)